できる人は
統計思考で
判断する

人人都要懂的
统计思维

35节课提升动脑思考能力

[日] 篠原拓也 ◎著
丁妍妍 ◎译

机械工业出版社
China Machine Press

图书在版编目（CIP）数据

人人都要懂的统计思维：35 节课提升动脑思考能力 /（日）篠原拓也著；丁妍妍译 .-- 北京：机械工业出版社，2022.7
ISBN 978-7-111-70891-9

I. ①人… II. ①篠… ②丁… III. ①思维科学 – 关系 – 统计学 – 通俗读物 IV. ① B80-05

中国版本图书馆 CIP 数据核字（2022）第 092654 号

北京市版权局著作权合同登记 图字：01-2022-1171 号。

DEKIRU HITO WA TOUKEISHIKOU DE HANDAN SURU by Takuya Shinohara
Copyright©Takuya Shinohara, 2018
All rights reserved.
Original Japanese edition published by Mikasa-Shobo Publishers Co., Ltd..
Simplified Chinese translation copyright ©2022 by China Machine Press
This Simplified Chinese edition published by arrangement with Mikasa-Shobo Publishers Co., Ltd., Tokyo, through HonnoKizuna, Inc., Tokyo, and BARDON CHINESE CREATIVE AGENCY LIMITED
This edition is authorized for sale in the Chinese mainland (excluding Hong Kong SAR, Macao SAR and Taiwan).
No part of this book may be reproduced or transmitted in any form or by any means, electronic or mechanical, including photocopying, recording or any information storage and retrieval system, without permission, in writing, from the publisher.
本书中文简体字版由 Mikasa-Shobo Publishers Co., Ltd.,Tokyo 通过 HonnoKizuna, Inc., Tokyo 和 BARDON CHINESE CREATIVE AGENCY LIMITED 授权机械工业出版社仅限在中国大陆地区（不包括香港、澳门特别行政区及台湾地区）销售。未经出版者书面许可，不得以任何方式抄袭、复制或节录本书中的任何部分。

人人都要懂的统计思维：35 节课提升动脑思考能力

出版发行：机械工业出版社（北京市西城区百万庄大街 22 号 邮政编码：100037）
责任编辑：杨振英
责任校对：殷 虹
印 刷：保定市中画美凯印刷有限公司
版 次：2022 年 8 月第 1 版第 1 次印刷
开 本：147mm×210mm 1/32
印 张：6.5
书 号：ISBN 978-7-111-70891-9
定 价：59.00 元

客服电话：（010）88361066 88379833 68326294 投稿热线：（010）88379007
华章网站：www.hzbook.com 读者信箱：hzjg@hzbook.com

版权所有 · 侵权必究
封底无防伪标均为盗版

在人生的任何时刻，你都可以做出不后悔的判断

今天，我们处在一个信息不对称的社会，信息获取方式可能会影响一个人的人生。什么是真，什么是假，什么是有益的，什么是无益的——对信息的判断将会影响我们对精力、时间与金钱的分配。

所以，可以说人生是一个“判断信息的集合”。

在信息不对称的社会中，如何智慧地、坚强地生存？本书讲的“统计思维”，便是一种科学有效的方法。本书将教会我们利用统计思维，客观分析信息真伪，进而做出恰当的判断。

本人是日本生命保险公司基础研究所保险研究部的主任研究员，从事基于统计理论的保险业务经营、风险管理等工作。在此之前，我是一名保险精算师，负责商品开发和风险管理等业务。

这一工作让我深刻地意识到：“人是感性动物，无法时刻保持理智的判断。”个人的判断常常会因某一瞬间的情感而改变。我们不妨做一下下面这个实验。

假设你在某家餐厅，想要选一份晚餐套餐。

套餐有A、B、C三种，其中A套餐6000日元，B套餐5000日元，C套餐4000日元。价格越贵，套餐越豪华。

这时，你会选择哪一份套餐呢？

实验中，选择价位居中的B套餐的人数最多。他们认为“A套餐最贵、最豪华，如果不好吃的话自己心里会很难过”“C套餐最便宜，选它会让店员和其他客人觉得自己很小气”。

这就是心理学中著名的“回避极端心理”。

如果餐厅去掉A套餐，那么结果又会如何呢？

结果非常令人吃惊，选择C套餐的人竟然变多了。在“B处中间，C处最后”的结构被打破后，单从价格来看，人们会觉得C套餐更划算。

由此可见，提供信息（此例中的不同套餐）的方式不同，顾客做出的选择可能也不同。

统计思维在我们的日常生活中发挥着重要的作用。

在收银台前排队结账时，排在哪一队，可以最先轮到自己？在面对堆积如山的工作时，如何做出最优选择，提高工作效率？

在上述一些日常场景中，以及在升学、就业、结婚、购房等人生的各个节点上，运用统计思维，能够让你做出直接而准确的判断。

某条信息是真是假？某个战略是有利的还是不利的？某项选择是得还是失？某种风险是接受还是规避……在各类商业场合中，当你需要做出判断时，统计思维一定能助你一臂之力。

从这点来看，统计思维可以“解决你的问题，进而开拓你的人生”。请大家一起在愉快的阅读与学习中，掌握统计思维吧！

篠原拓也

目录 · CONTENTS

第 1 章

某条信息是真是假——推断能力

统计思维，化无形为有形

在我们身边每天都有许多的不确定。不要说灾害预测，就连明日的天气预报都未必准确。甚至，我们可以说在这个世界上“并不存在确定的事物”。

“如何根据仅有的不完整数据推测整体”“正确分析、理解信息后，如何进一步预测未来”……

实际上，世界上并不存在绝对准确的推断方法，推断中存在无论如何也无法确定的部分。

不过，为了提高推断的准确性，大家运用统计学进行了各种尝试。

尤其是在推断统计学（一门由部分推断整体的学问）中，如何提高准确度是一个十分热门的研究课题。本章将具体介绍其中非常重要的“统计思维”。

统计思维中的“推断”是指“通过统计数据分析、理解已知的事实和现状，并以此来推测未知事物”。也就是说，想要提高推断能力，最重要的是“正确理解统计数据”。

想要正确理解统计数据，就需要预先掌握认识统计数据的秘诀。

为何这样说呢？因为在认识统计数据时，只有从合适的角度切入才可以恰当地利用数据。

以日本人的睡眠时间为例。若只选取睡眠时间较少的首都圈居民作为样本进行分析，则统计抽样的总体（即所有日本人）的睡眠时间会少于实际情况。

如果分析过去 30 年的睡眠时间数据，其结果会比现在的睡眠时间长。

假设平均睡眠时间是 7 ～ 8 小时，我们通过图来观察睡眠时间的变化情况。若将图的纵轴设为 0 ～ 10 小时，则图中睡眠时间的变化看起来不会很明显；若将图的纵轴设为 7 ～ 9 小时，则可以看出睡眠时间发生了明显的变化。

统计数据的使用方法十分自由，不过在分析数据时，我们需要注意样本的取样方法、数据对应的时间、图的数轴等。

若想有效地利用统计数据这个“活信息”进行推断，就需要正确理解统计数据的含义。

本章将介绍 9 个秘诀，教你如何利用统计思维提高推断能力。

瞬间判断排队需要等几分钟

运用利特尔法则做出明智选择

学会粗略估算，会有意想不到的用处。

“估算”也就是大致把握。无论是推断事物发展，还是将复杂事物简单化，这个方法都非常重要。

实际上，有很多利用数学知识进行估算的有效方法。

具有代表性的是排队时间的估算方法。让我们通过下面的例子，了解一下估算的用处。

日本人很喜欢排队。当出现人气商品时，马上就会有一批购买者蜂拥而至。

游乐园的景点、有名的餐厅、当日发售人气游戏产品和智能手机的门店等，到处都有人排队。这种场景在电视剧里也很常见。

很多人满怀期待地排队等待着心爱之物，内心也并不觉得痛苦。

不过，在排队时，人们或多或少都想知道“这个队还得排多久”。

这种“想知道还要排多久”的想法对于排队的人来说是不可避免的。

尤其是在等待这件事变得令人痛苦时，心急如焚的焦灼情绪会进一步加剧这种痛苦。

排队人数越少，越容易估算等待时间。

假设某车站窗口有 10 人排队，每人办理业务需要 1 分钟。

这时，等待时间为 10 分钟。不过，这种情况必须满足每人办理业务的时间大致相同，且没有人因图省事而插队等条件。

那么，在队伍较长时，如何估算才比较合适？

设想一下等待时间无法确定且排队人数很多的“长蛇形队列”。

即使我们能从队尾大致估计出排队的人数，也完全不清楚每分钟能有几个人买好票进站。在这种很容易烦躁的情况下，若能估计出排队时间，我们的内心也会更有盼头。

那么有没有什么比较好的估算方法呢？

利特尔法则

利特尔法则对于此类情况非常有用。

美国麻省理工学院的约翰·利特尔教授，在美国凯斯西储大学工作时，提出了这一法则。

在利用数学寻求对策的运筹学研究领域中，这一法则非常有名，主要用于制订方案等各类与经营相关的问题。

在运用这一法则时，需要数一数在自己排队后的1分钟之内，有几个人排在自己后面。然后估计一下排在自己前面的人数，用这一人数除以1分钟内排到自己后面的人数，即可得出排队等待时间的估算值。下面我们结合实际情况计算一下。

假设你现在正在游乐园的观光游览车前。这里约有100人在排队。

在你排队后的1分钟之内，你的后面又排了5个人（见图1-1），等待时间的计算方法就是：

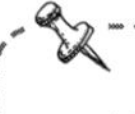

100除以5，得出排队时间为20分钟。

很简单吧！

图 1-1　排队需要“再等几分钟”

注：图仅供示意。

运用利特尔法则，准确估算时间需要的条件就是：队列长度保持不变，即 1 分钟内减少的排队人数和 1 分钟内增加的排队人数相同，队伍既不变长也不变短。

这一法则可以应用于生活中的各种场景。

例如，在某工厂的某条产品生产线上，在某道工序的投入口前，有50份原料正在等待加工。假设在该道工序投入口前，每分钟会新增10份原料等待加工，运用利特尔法则，可以估算出这些原料等待加工的时间为“50 ÷ 10 = 5（分钟）”。

若这一推算时间高于原本设想的时间，那么应该分析一下该问题产生的原因，以便进一步提高这一工序的时间利用率。

另外，可以运用利特尔法则控制排队时间。

以前美国某公路收费站在开通收费口时，会以20辆车排队为上限，即在排队车辆超过20辆时，会开启原本处于关闭状态的收费口。

若该收费站每秒钟新增1辆车排队，则每辆车的最长等待时间为20秒。

通过控制等待时间，可以缓解驾驶员的烦躁情绪，从而减少事故的发生。

利用利特尔法则还可以计算店铺的销售效率。

假设有A、B两家汉堡店。

A店现有12人排队，每人的等待时间为3分钟。

B店现有10人排队，每人的等待时间为2分钟。

由上述条件可以得出，A店每分钟新增4人排队

（12 除以 x 等于 3，$x = 4$），B 店每分钟新增 5 人排队（10 除以 x 等于 2，$x = 5$）。

若仅从队列的长度来看，A 店生意更好，但若从销售效率来看，B 店人气更高。

怎么样？没想到粗略估算的方法如此有用吧。

蝴蝶扇动一下翅膀，远处会产生龙卷风吗

相比结果，更要重视初始条件

在这个瞬息万变的时代，预测未来十分困难。

如果我们能拥有预测未来的能力，定会大有裨益。

这样的话，我们便能把握先机，提前行动起来，做好准备。

预测未来，包括预测股价波动、企业经营状况等人为可以干预的事情，还包括预测天气等自然现象。

若在预测未来时出现了不好的结果，大家通常都会感到不安。

但实际上，你不必过于担心。

因为预测会有一定程度的误差。预测中的误差越大，结果的准确度会越低。

那么，什么是预测误差？它产生的原因是什么？

我们又应该如何预测未来?

下面我用统计思维来说明一下。

首先，做预测需要“模型”与“公式”。

其次，根据现状设定“初始条件”，并将现状的相关数据输入“模型”与“公式”。之后用电脑进行计算，做出预测。

在预测未来时，有一个需要注意的重点。

那就是“初始条件非常重要”。初始条件稍微发生一点变化，预测结果就有可能出现很大的偏差。请看下面这个计算的例子。

加法

5+7=12……正确答案

若加错，加成了8:

5+8=13……错误答案

答案仅差“1”。这是个有限的错误。

首先，看一下加法运算。原本是“5+7”，加错变成“5+8”，正确答案“12”就变成了错误答案“13”。

这肯定算是一个错误，不过答案仅差“1”，可以说是个“有限的错误”。

如果是乘方运算的话，会出现什么样的情况？

乘方

$5^7=78\,125$……正确答案

错算成 5 的 8 次方：

$5^8=390\,625$……错误答案

虽然初始条件仅差“1”，结果却出现了重大错误。

原本是 5 的 7 次方，结果错算成 5 的 8 次方。

正确答案是 5 的 7 次方，即 78 125，错算成 5 的 8 次方后就变成了 390 625。虽然初始条件仅仅错了一个数，答案却相差很大，这可就是一个重大错误了。

初始条件出现一点点小错误，在进行加法运算时，造成的错误非常有限，结果相差并不大，但在乘方运算中，便会导致出现不合理的重大错误。

在数学中，加法运算这样的关系称为线性关系，乘方运算这样的关系称为非线性关系。大家可能还不太了解这种说法。

线性关系是指在变量 a 与变量 b 之间存在一次方函数关系，变量 a 增加的同时，变量 b 会成比例地增加或减少。如果把这两个变量分别作为点的横坐标与纵坐标，其图像是平面上的一条直线。

非线性关系是指除此之外的其他关系。

重要的是，生活中我们遇到的多为非线性关系。

实际的问题中变量很多，变量之间有乘方、乘方的乘方等非常复杂的非线性关系。

简单易懂的线性关系在生活中并不常见，男女关系之类的就更复杂了（有点扯远了）。

蝴蝶效应

“混沌理论”主要研究不同的初始条件将会对结果产生何种影响。

混沌理论中有一种现象名为“蝴蝶效应”，其中的故事非常有名。

有人在用电脑预测自然现象时，发现“巴西的一只蝴蝶扇动翅膀，可能导致美国得克萨斯州暴发一场龙卷风”。

也就是说，即使我们可以通过复杂的计算来预测未来，但如果初始条件出现细微偏差，结果也会发生重大的变化，这使得高准确度的预测变得十分困难。

1960 年，气象学家爱德华·洛伦兹发现，稍微改变一下输入数据的尾数处理方式，就会出现完全不同的预测结果（见图 2-1）。他将这种现象命名为“蝴蝶效应”。

图 2-1　预测结果可靠吗

人们在确认预测内容时，很容易只关注结果，而忽略对初始条件的关注。

然而，正如我们前面所看到的那样，预测常会伴随一定的误差。因此，为了正确地预测结果，请先冷静地确认初始条件的变化会给结果带来怎样的影响。这是运用统计思维做判断的关键所在。

根据生产编号推算产量

由部分推断整体的方法

在对事物进行推断时，大致把握整体数量的能力非常重要。

假设某个厂家的商品出现了不良产品。消费者接连打来投诉电话，为减少损失，我们需要尽快制订应对方案。这时，我们首先需要推算不良产品的流通数量。

在遇到这种情况时，迅速推算出大致数量才是正解，我们并不需要花费大量时间和精力得出准确数量。

通过简单快速的推算，制定出相应的对策，这才是临危不乱的智慧之举。

那么如何才能简单地推算出总数？

统计学中有一种叫作“统计推断”的统计方法，即根据信息和数据，运用统计学方法进行推算。统计推断的方法有很多。其中一个方法就是根据不完整信息推断出总体特征。

下面举例说明这个方法。

推算高级手表的生产数量

假设某个手表厂家在其定制的高级手表上，标记了手表的制造年份及依次增加的系列编号“1，2，3…”。接下来我们从某年生产的手表中，随机抽取 10 只，在确认各只手表的系列编号后，得到了以下数字：

415 252 150 693 528 115 684 760 86 325

现在根据这些条件，可以推算出此厂家当年生产了多少只手表吗？

或许有人会说：“这不需要推算，直接问厂家不就行了吗？”

这个说法的确有道理，但是这种需要推算的情景一般受到某些条件的制约和市场的限制。

此外，每家企业都有自己的商业秘密。在这里，我们假设此厂家将其生产能力视为商业机密，不会告知我们高级手表的产量。

上述系列编号中最大的数字是 760，由此我们可以知道该厂家当年最少生产了760只手表。问题是，该在这个基础上加多少只手表，才能得出推算产量呢?

统计学中有一个很合适的推算方法：编号最大值除以样本个数，再减1，得到一个数字。再将这个数字与最大编号相加即可得到总数。

在本例中，则是在编号最大值的基础上增加“(760÷10−1)=75”只，即该厂家该年份生产了约“760+75=835”只高级手表（见图3-1）。

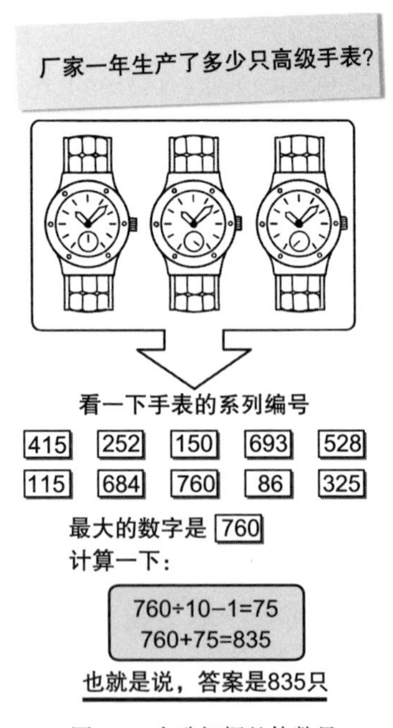

图3-1 大致把握整体数量

当然，这仅仅是推算，并不能保证当年手表的实际产量正好就是 835 只。

不过，若只想大致了解一下厂家的产量，这个方法还是非常有用的。

德国战车问题

实际上这是著名的“德国战车问题”的衍生案例。

第二次世界大战时，德国的战车队自诩军事实力强大。与德国对战的同盟国想知道德国战车的军事实力，便开展了各种谍报活动，打探到了相关情况。在这一过程中，同盟国又想知道德国战车每月的产量是多少。

像高级手表的例子那样，同盟国利用德国战车上的系列编号做了一番推算。

第二次世界大战后，德军的旧资料被公开，有人将推算数值与资料上写的实际数量比较了一番，结果发现这个推算结果与实际数量十分接近。

除了高级手表与战车，名牌钢笔、老字号的吉他、小号等很多商品都有系列编号。

除了商品，大多数会员制的组织也会给会员从 1 开始依次编号。生意火爆的餐厅有时也会给排队等候的顾客发放从 1 开始编号的就餐号。

在日常生活中，很多事物都会被按照“1，2，3…”的顺序依次编号。

不管是在商业场合还是在日常生活中，我们通常都只能获取一部分信息。在这种情况下，根据部分信息推断整体特征的统计思维一定能派上用场。

第4课 不良品会在何时何地出现

不要被统计悖论蒙骗

同一个信息，用不同的分析方法进行分析，会得出不同的结论。

尤其在统计过程中，运用不同的数据加工方法对数据进行加工，得出的结果可能完全不同。因此，我们需要具备判断已知信息能否被随意加工的能力。

统计有一个优点，即“可以清楚地显示事物的优劣”。

在运用数据进行定量表示这一点上，统计能够给予观察者强有力的说服力。

然而，统计也存在缺点。当归纳人员或者解释人员意图不轨时，就容易引导人们做出错误的评价和判断。所以说，统计是把“双刃剑”。

辛普森悖论

在统计的欺骗性要素中，存在很多悖论。

“辛普森悖论”便是其中著名的一例。英国统计学家 E.H. 辛普森对这一现象做出了阐释。下面对此做个简单介绍。

某电子制造厂家有 2 个工厂，分别为第 1 工厂和第 2 工厂。每个工厂都有产品 A 和产品 B 两条生产线。

一般来说，在制造产品时，出现一定程度的不良品是不可避免的。不过各个厂家都致力于尽量降低不良品率。

因此，我们需要调查，判断不良品是在哪一道工序、哪一个机器上出现的。为此我们首先应该大致把握不良品出现的情况。

该厂家的第 1 工厂和第 2 工厂都在质量管理方面做出了努力，力求降低不良品率。然而即便如此，各个工厂依然会出现不良品。工作人员通过检查找出不良品，并将其从生产线上剔除。

假设我们调查了两个工厂某一天的不良品率，其结果如下：产品 A 的不良品率，第 1 工厂为 5%，第 2 工厂为 7%；产品 B 的不良品率，第 1 工厂为 2%，第 2 工厂为 4%。

对数据进行归纳整理的结果，如图4-1中的表①所示。

表①　产品A与产品B各自的情况

	产品A			产品B		
	产品	不良品	不良品率	产品	不良品	不良品率
第1工厂	800个	40个	5%	200个	4个	2%
第2工厂	200个	14个	7%	1 800个	72个	4%

第1工厂的质量管理水平更高!

表②　产品A与产品B整体的情况

	产品A与产品B整体的情况		
	产品	不良品	不良品率
第1工厂	1 000个	44个	4.4%
第2工厂	2 000个	86个	4.3%

这样看的话，第2工厂的质量管理水平更高!

图4-1　哪个工厂的质量管理水平更高

从图4-1中的表①来看，不论是产品A还是产品B，不良品率都是第1工厂的比较低，其产品质量管理效果更好。

现在我们把产品 A 和产品 B 放在一起看，又会是什么情况？

在将两种产品放在一起再看时，我们发现第 2 工厂的不良品率比第 1 工厂稍低，如图 4-1 中的表②所示。此时我们发现第 2 工厂的不良品控制效果更好。两种产品分开比较与两种产品放在一起比较，即当比较方式不同时，得到的结论竟然完全相反，真是有些奇怪。

为什么会出现这种情况？

下面我们来揭秘。

这是因为第 1 工厂和第 2 工厂生产的产品不同。

第 1 工厂主要生产容易出现不良品的产品 A，而第 2 工厂主要生产不易出现不良品的产品 B。

因此，只是单看某种产品的不良品率时，第 1 工厂的不良品率较低，但如果将两种产品相加之后再看，则第 2 工厂的不良品率较低，因为第 2 工厂产品 B 的产量较大。

对此我们该如何评价？

单种产品不良品率低的第 1 工厂的控制效果比较好，还是整体不良品率低的第 2 工厂的控制效果比较好？

除了不良品率这一实际数值，我们还需要从做法、态度等多方面对质量管理进行评价。

如果滥用辛普森悖论，会出现什么情况？假设上述“不良品出现的情况”已经被调查清楚。

如果只看结果的话，第1工厂的负责人应该会主张分别评估产品A和产品B的不良品率。

第2工厂的负责人可能会说，相比每种产品的不良品率，不良品在所有产品中所占的比例是更为重要的。

无论上述哪一种说法，都是为了解释统计数据，从而引导做出对自己一方有利的评价和判断。

如果你是一个评价者，请不要轻易上当。

统计通过数据和数值来展示信息，能够有力地推进谈判和讨论，有着巨大的威力。正因如此，我们需要注意处理方法及理解方法。

正如辛普森悖论中所展示的那样，如果把统计结果解释为对自己有利的说法，并将其部分内容呈现给大家，就会使统计本身失去可信度。

对于统计的数据、数值，你有没有进行过什么随意的操作？

当我们改变对数据、数值的看法时，结论会不会改变？

对于以数据和数值为基础的信息，不要稀里糊涂地接受，要养成习惯，学会停下来用自己的头脑进行思考。

店铺拥挤程度基本稳定在座位数的六成

人的行为竟然是随机的

现代社会是一个有些拥挤的社会。

在每年的盂兰盆节和年末年初，日本返乡高峰期的电车和公路都十分拥挤。

在一些有名的拉面店前，总能排起长队。

而游乐场热门项目的排队时间，有时会长达两三个小时。

我们倾向于认为“拥挤 = 不愉快”，但有时也未必如此。

举个例子，假设你一个人进了一家咖啡馆或餐馆，而除了你自己，店里并没有其他客人。“今天自己能一个人包场，真幸运”，若能抱有这样积极的想法固然不错，但在大多数情况下，你的内心还是会有些不安吧。

“这家店是不是名声不好？是不是过去出了什么问题，才没有客人？是不是饭菜味道不好，还是价格太高？或者店员的态度有问题……”

你一旦开始在意的话，可能就停不下来了。

也就是说，一方面你讨厌“拥挤”，另一方面你又讨厌“完全不拥挤”。人是一种多么任性的生物啊。

EL Farol Bar 问题

那么，人气店铺的拥挤程度是如何决定的？

关于这个问题，博弈论中有一项名为“ EL Farol Bar 问题”的研究。

EL Farol Bar 是一家位于美国新墨西哥州圣菲的人气酒吧。

因为它是一个小酒吧，所以当上座率达到六成时，客人会觉得很愉快，但若超过这一标准，大家便会感到不愉快。

如果不到店里的话，客人并不知道那家店有多拥挤。

另外，我们也不知道是否有其他客人来店里。

这种情况下，店里的拥挤程度会稳定在什么水平？又该如何推测？

一方面，来店后感到愉快的人还会想来。

另一方面，感到不愉快的人，可能考虑暂时推迟下一次来店的时间。

也就是说，当拥挤程度达到规定人数的六成时，客人下次想来时会马上来，而当拥挤程度达到六成以上时，客人应该会考虑暂时不来。

如果所有客人都只依据上次体验是否愉快，决定是否再次来店，那么这家店的拥挤程度每天都会有大幅度的波动。

“上次感到愉快的人，第二天一定会来店里”“上次感到不愉快的人，一定会空一周再来店里”，如果遵循这些法则的话，拥挤程度就会急剧上升或急剧下降。

因此，如果每个人都按照同样的法则行事，那么店铺就会变得更热闹或者更冷清。

那么，当客人随机行动时，又会发生什么？

上次感到愉快的人，第二天大概率会再次光临。

而上次感到不愉快的人，第二天来店的可能性比较低。

像这样，按照统计思维设定一个随机行动的前提，那么店里的拥挤程度将会慢慢稳定在座位数的六成。实际上，在进行验证实验之后，人们得出了拥挤程度稳定在六成左右的结果。

这意味着，每一位客人既能将自己的体验融入其中，又不拘泥于此，他们随机采取行动，并实现了适度的平衡。

例如，上次感到愉快的客人中，可能有人会考虑把下一次机会让给别人。

相反，上次感到不愉快的客人中，可能有人不吸取教训，第二天再来店里（见图 5-1）。

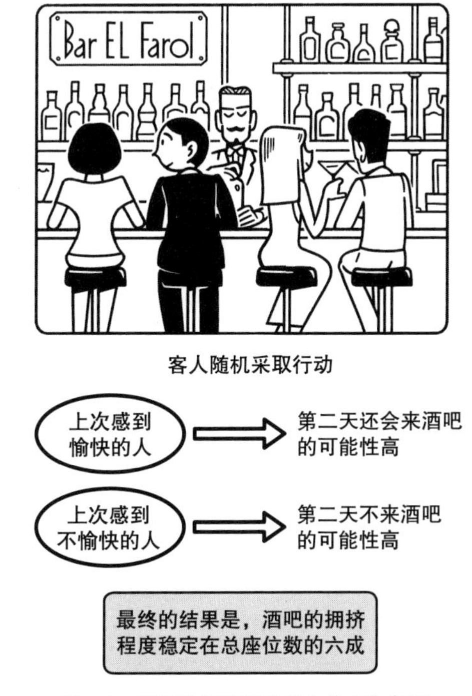

图 5-1　酒吧的拥挤程度是由什么决定的

因此，研究人员认为人类的行为不遵循某种定律，而是遵循各种模式。假设是否来店是随机决定的，以此为前提，就会发现店铺整体的拥挤程度能保持适度的平衡。

说到概率，大家可能觉得它是一个“精致”的数学概念。

但事实上，人们每天不经意间采取的行为，都包含了大量的概率因素。而且，人的行为可以通过“统计思维”来解释。

假设你去超市购买做菜的食材。当看到某件特价商品时，你可能情不自禁地去买那件你未曾想过的东西。

反之，如果原本想买的食材价格较高，你有可能少买一些。

想必每个人在日常生活中多少都会遇到这样的事情。在日常生活中，人们并没有强烈意识到这一点，便做出了各种决定。

一般认为，人们在没有某种强烈意识时做出的判断会实现适度的平衡，这在现实中是很常见的。

无论是返乡潮、人气拉面店还是拥挤的游乐场，都是人们无意识地做出判断之后形成的结果。

原本，如果不喜欢拥挤的话，人们应该会考虑选择避免拥挤的活动。

但是，置身于混乱之中、排成长龙的人们却不采取这种行动。排队等候的人们，或许对于这种达到适度平衡的拥挤状态感到很舒服。

人不是按照简单的理论行事，而是按概率行事，这种说法似乎更符合现实世界。

“努力就会有回报”在统计学中是正确的吗

某日突然“获得某种才能”法则

在预测事物的变化时，事先掌握它遵循的模型是很重要的。

例如某一地点一天内的气温变化、传染病的出现与蔓延、国家不同年龄人口构成的演变等，任何事物的变化都符合某一种模型——它可以通过统计得出来。

想要确定一项预测是否合理，可以将预测结果与该事物符合的模型进行对比。

我们举一个例子，看看各种事物遵循的常见的模型。

很多人每天都在为工作、学习、体育运动等各种各样的事情而努力。

但我们深知，付出了很多努力，并不一定能得到回报。

此外，当你的工作技能突飞猛进、对所学领域的理解更加深刻或不断刷新自己的运动纪录时……突然间，你会“穿过”一堵墙。

Sigmoid 函数（S 形曲线）

这表明，倾注的努力不会简单地带来与投入成比例的结果。有这样一个著名的函数来描述这种努力和结果之间的关系。

在药学领域，它被称为“ Sigmoid 函数”，它描述了药物的使用剂量与效用之间的关系，如图 6-1 所示。

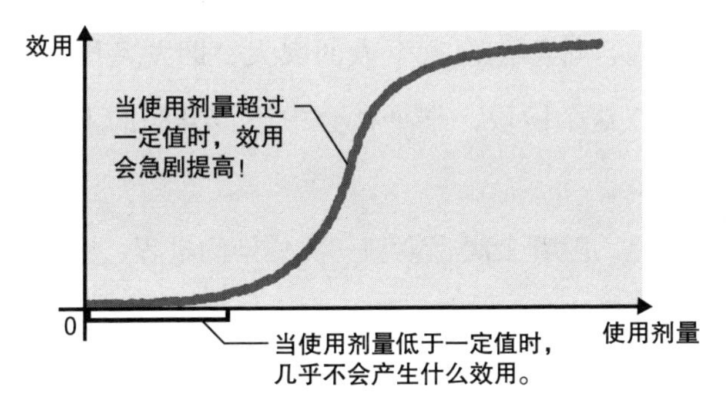

图 6-1　药物的使用剂量与效用之间的关系

注：图仅供示意。

可以看出，药物使用剂量和效用的关系，并不是简单的相关关系。

当使用剂量低于一定值时，稍微增加使用剂量，效用不会提高多少。

但当使用剂量达到一定值时，效用就会急剧提高。之后，即使继续增加使用剂量，效用也不会提高太多。

Sigmoid 函数也被称为“S 形曲线”，因为它是 S 形的。在药学中，针对药物的作用与副作用问题，这个函数被用来研究药物的毒性和服用组合等。

S 形曲线的运用，在药学以外也可以看到。譬如，用 S 形曲线表示传染病在一个没有免疫力的社会中传播的情形。

假设最先得人传人的新型传染病的人，只有 1 个。

首先，传染病向这个人的家人、朋友及周围的人蔓延。在这个阶段，整个社会中患传染病的人的比例仍然很小。

但是，随着二次感染、三次感染的进程，感染者的数量会急剧增加。之后，当许多人被感染，并且开始对这种病具有免疫力时，感染者数量就不会快速增加了。

S 形曲线同样适用于新产品的普及等问题。家电产品与信息移动终端等可以说是其中的典型。从昭和 40 年代彩电的普及，到昭和末期至平成年代个人电脑的普及，再到近几年智能手机的普及，它们都呈 S 形曲线发展。

因此，S 形曲线也被称为“增长曲线”，它代表了疾病感染和产品普及的情况。

其实，很多人在日常生活中都会碰到 S 形曲线。我们想一想上下班和上学时的电车。

在从车站出发到到达下一站的这段时间里，电车的速度是不固定的。从车站出发，电车速度会慢慢加快，达到一定的速度。

然后，它会以该速度前行一段时间。当快到达下一站时，它便开始缓慢地减速，最后停车。开车亦是如此。

这样，以时间为横轴，以行驶距离为纵轴，以 S 形曲线一样的速度前进，就能顺利地加速和减速，给乘客提供舒适的乘车体验。

现在我们以体育运动为例，横轴为投入，纵轴为成果。当你是一名初学者时，你只是稍微练习几下，因此很难在比赛或者运动会中取得好成绩。

但是，经过不断努力，达到某一程度后，你的能力就会产生质的飞跃，在比赛中也能取得不错的成绩。这就是人们常说的“破茧状态”（见图 6-2）。

而且，人们会从该状态开始朝着更高的目标继续努力。又一次，打法怎么也做不到完美……就是这样一个反复的过程。

图 6-2　某天你将突然可以“破壁而飞”

可以说，运动员就像在沿着 S 形曲线成长一样。

诸位现在有何感想？即使一直以来的努力没有结果，你也能理解中途放弃是一件多么可惜的事了吧。

当努力变得艰难的时候，让我们回想一下增长曲线，然后一起继续努力吧。

第7课

喝咖啡会得病的真正原因是什么

导致错误结果的混杂因素

每个事物的发展，必定有“原因”和“结果”。

如果我们能够推测出其“因果关系”，就能够避免某种事态发展为某种程度的不良事态。

因果关系的推测，存在于统计学、市场营销和社会政策制定等各种领域，比如“气温和冰淇淋销售额的关系”“社会贫困率和健康差距的关系”等。在医疗领域中，因果关系的推测在研究疾病产生机制方面十分热门。

流行病学就是运用统计学来解释人们的健康状态与疾病的学问。

在流行病学中，很早以前人们就认为当“人、原因、环境”这三个要素集齐的时候就会产生疾病。

例如，日本每年冬天都会流行流感。流感是由流感病毒引起的。

为了应对流感病毒，人们会接种疫苗，采取各种预防措施。

即使感染了流感病毒，也不一定会出现相应的流感症状。

有的人发病，有的人不发病。

一般来说，抵抗力差的婴幼儿和老年人容易发病，而青壮年体内的免疫机制会抑制病毒的活动，所以多数情况下不会发病。

另外，抵抗力相同的人当所处的环境不同时，是否发病也会有差异。

在工作场所和学校中，厕所的盥洗室常备香皂且严格要求大家洗手与不常备香皂这两种情况下，病毒的传播程度自然会有区别。

流行病学正在以解开“人类患病的因果关系”为主题进行研究。具体来说就是，“有A这个原因”，就会“得B这个病”(结果)。

在这种情况下，除了A（原因）和B（结果）之外，当C事件影响到A和B之间的因果关系时，就会出现一定的问题。

这个C，叫作“混杂因素”。简单来说，就是“是否存在其他隐藏因素”。

严格地说，若C是混杂因素，则意味着它满足三个条件。

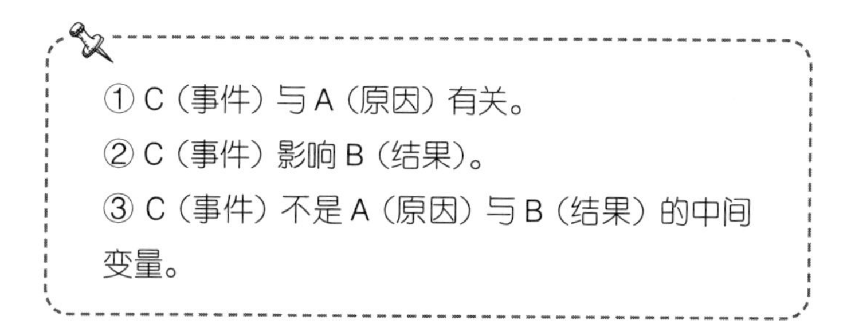

① C（事件）与A（原因）有关。

② C（事件）影响B（结果）。

③ C（事件）不是A（原因）与B（结果）的中间变量。

顺便说一句，所谓“中间变量”，就是位于原因和结果之间的东西，受原因的影响，对结果产生影响，如图7-1所示。

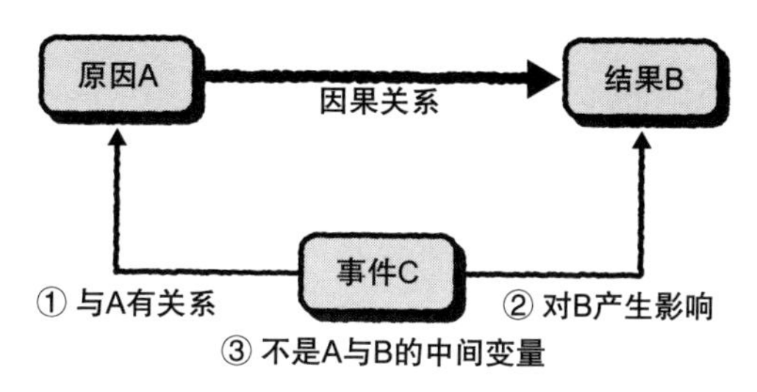

图7-1　为何会出现意外的结果

在流行病学的因果关系研究中，尝试推测是否存在其他混杂因素是很重要的一点。

因为忽视混杂因素，有时会推导出令人意外的因果关系。

最近的研究表明，咖啡能减少血管内血液凝固形成的血栓，并能有效预防中风和急性心肌梗死。

然而，另一项调查的结果恰恰相反，声称经常喝咖啡与中风的产生有因果关系。

这是怎么回事呢？

在这种时候，我们需要思考是否存在什么混杂因素。

在同样的流行病学调查中，吸烟成为混杂因素是一种常见的情况。

实际上，在喝咖啡的人中，吸烟的人很多（条件①）。
众所周知，吸烟对中风的发病有影响（条件②）。
吸烟不是喝咖啡和中风的中间变量（条件③）。

因此，吸烟在喝咖啡（原因）导致中风（结果）的过程中满足“混杂因素”的条件（见图 7-2）。针对这一研究，我们需要消除吸烟的影响，重新研究喝咖啡与中风的因果关系。

一般来说，有几种方法可以消除混杂因素的影响。

让我们来看看上面提到的喝咖啡和中风的因果关系。

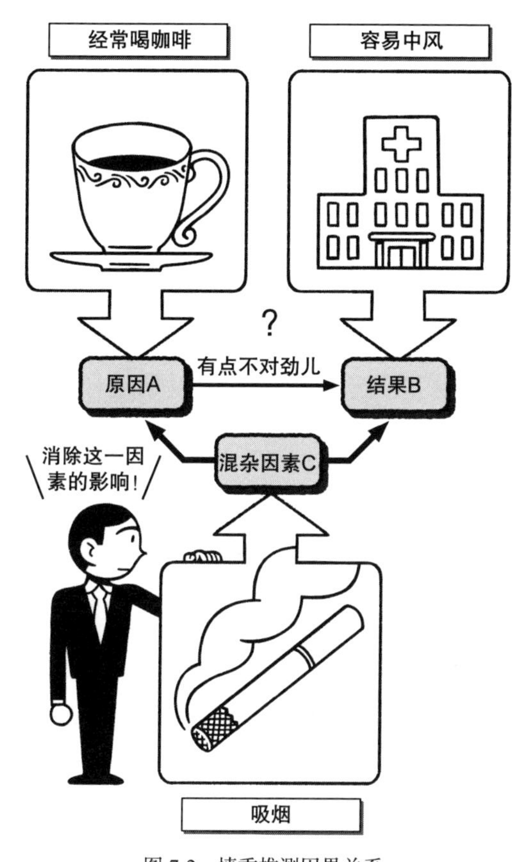

图 7-2 慎重推测因果关系

第一种，我们可以将吸烟者排除在外。

第二种，我们还可以使经常喝咖啡的人群和不经常喝咖啡的人群中的吸烟者比例相等。

因此，在调查阶段控制调查对象是消除混杂因素影响的一种方法。

另一种可能的方法是，在分析调查结果的阶段观察混杂因素的影响，而不是在调查阶段。

具体来说，不是把经常喝咖啡的群体都放在一起分析，而是把吸烟者与不吸烟者分开，对4个群体进行统计分析。

然而，分析因果关系有时很困难。在多数情况下，我们无法轻易找到像该项调查中吸烟这样简单明了的混杂因素。

我们经常会发现混杂因素并不明确，或者可能存在多个混杂因素复杂地影响着推测结果。因此，在探讨流行病学的因果关系时，谨慎思考混杂因素是一件不可轻忽的事情。

这个问题并不仅仅局限于流行病学领域。

比如，看到丈夫的白衬衫上沾了口红，就立刻推测他有外遇，这种想法或许有些草率。假设有外遇的人通常乘坐私家车，没有外遇的人通常乘坐电车，那么乘坐满员电车上下班就是一个混杂因素，也许这就是丈夫没有外遇白衬衫却沾上口红的原因。

上述例子或许有点过于牵强。“没有外遇的人通常乘坐电车”这个假设的依据并不充分。

在因果关系的推测中，往往容易将某种现象和结果联系起来，草率地得出结论。当你觉得因果关系的推导过程过于简单的时候，你就需要谨慎地去反思，在你的猜测中是否存在某种混杂因素的影响。

很难逃离低潮的心理

“有二就会有三”法则

在“预测将来”的时候，参考“过去的经验”是很有效的。

电力公司在预测一天的最大功率时，企业在制订事业计划时，最先学习过去的经验，可以说是预见未来的捷径。

不过，从过去的经验中学习，也是有窍门的。以事业计划的制订方法为例，大家一起思考一下吧。

在制订企业的事业计划时，考虑未来的环境变化是不可或缺的。首先，预测在 5 ～ 10 年的时间内，经营环境会发生怎样的变化。

接下来，我们将在此基础上制定“中长期管理目标”和“每个财政年度的目标”，并制订实现这些目标的管理计划。

展望未来的环境变化是制订计划的第一步。

只是，这里有一个问题。

那就是如何设想未来的经营环境。

要准确地预测几十年后的事情是不可能的。

至少在今后 10 年的时间里，恐怕无法做出高准确度的预测。

因此，智库和经济专家等会公布一定的预测结果。

当然，也有一些事物完全看不到未来的前景。

在这种情况下，经常会采用的做法是预测过去的趋势会延续下去，即“过去的趋势，今后也会延续”。

外推性偏差

然而，将过去的趋势延长可能导致“外推性偏差”问题。

“外推性偏差”这个说法听起来或许有些陌生，它是指在使用统计方法预测未来时，过度依赖过去的趋势。

通俗来讲，就是“有二就会有三”的简单化预测。

“既然没有一点儿预测的头绪，那就先把目前的趋势拉长吧。”

抱着这种想法并陷入外推性偏差的人竟然不在少数。

延长现有趋势与“维持现状”可以说是一件事，完全相同。从某种意义上来说，这种想法很有吸引力（见图 8-1）。这是因为，如果有人解释说“没有其他要考虑的因素，所以按现状进行预测”，就很容易得到上司和周围人的理解。

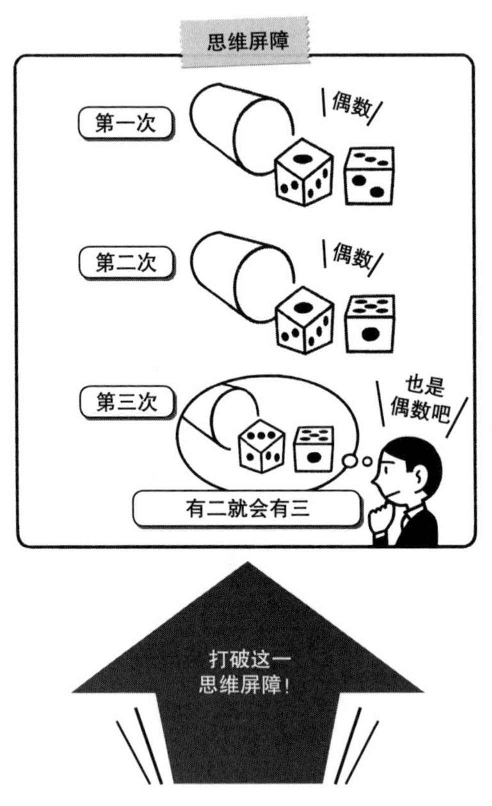

图 8-1　不要被“维持现状”的想法诱惑

而且，作为给自己的借口，也是很方便的。

即使结果与以往的趋势不同，人们也可以辩解说：“在那个时候，这并不在讨论因素之内，这个结果虽然出乎意料，但我们也没办法。”

在体育界，外推性偏差被称为“热手谬误”，这是行为经济学的专业术语。热手是指运气好、状态好，也就是说，状态好的选手会维持好的状态，不过，一旦状态变得不好，就很难摆脱。

例如，在棒球比赛中，一个击球手在状态好时，每场比赛都连续打出安打，但他突然陷入了原因不明的低潮状态，几十个击球位都出现了不及格的情况……

在篮球比赛中，每场比赛都能有几十个投篮的选手，突然变得无法投篮……

这些选手可能陷入了“热手谬误”。

那么，该如何避免外推性偏差呢？

其实，事情并没有那么简单。为什么？因为人是很难摆脱过去的经验的。当然那些经验，如果是顺利进行的“成功体验”的话则另当别论。

但当下我们处在一个变幻莫测的时代。面对周围环境的变化，如果我们无法做到随机应变，那么转眼间我们就会被甩在后面。

不管是哪种急剧的变化，其中一定会存在某种迹象。

比如，智能手机、LED灯泡、环保车等当下的热门商品，在它们真正普及之前早已是多家媒体的热门话题。

所以，首先关注趋势信息十分重要。你要时刻打开接收信号的天线，做好准备，抓住变化的苗头。

另外，要养成思考的习惯，学会根据周围环境的变化改变自己的行为。可以说，能够一直保持这种态度，是防止陷入外推性偏差的关键。

当然，不要因为你做出了未来预测，就固执己见。你要学会定期比较预测和实际情况，灵活地修改预测内容。不要抱着“反正将来的事我都不知道”这样随便的态度，重要的是你要有意识地感受当下正在发生的“变化之芽”。

第9课

“身高高的人体重重”正确吗

注意回归分析的陷阱

在统计中，经常会用到“回归分析”。

简单地说，回归分析就是揭示多个事物之间的关系。

例如，汽车销售公司的市场调查——“什么样的顾客更喜欢买四门三厢轿车？”

又如，学校教育的效果分析——“3 年级 2 班的语文测试结果和英语测试结果有什么关系？”

在日常生活中，使用回归分析的场景有很多。

由于回归分析的内容一般会让人感觉是正确的，因此很多人都不会有所怀疑。但切忌轻易相信回归分析得出的结果。

我们应该怀疑回归分析的哪些方面？下面来具体说明一下。

回归分析与相关关系

假设我们根据实验、观测和问卷中获得的数据，得出了“□□结果是由○○原因引起的”的推论。常见的是“身高与体重之间的关系”。

假设你根据某个成年男性群体得出了“身高高的人体重重”的推论，那么以身高为横轴，以体重为纵轴，在此分布图中标出各个数据之后就能大致明白这一倾向了。

体格因人而异，其中有身高高体重轻的人，也有身高矮体重重的人。

话虽如此，但一般来说，身材较大的人和身材较小的人相比，有“身高高体重重”的倾向。

可以认为，“身高高的人体重重”这个推论大体上没有错。

在用图形表示这种关系时，就用到了回归分析。

在回归分析中，我们使用统计方法，在分布图中画一条直线，表示数据的分布趋势。当这条直线向右上方倾斜时，“身高高的人体重重”的关系就被表示出来了（见图 9-1）。

这条直线与每个数据之间的偏差越小，就越接近。

横轴和纵轴的相关程度用正1到负1之间的相关系数来表示。

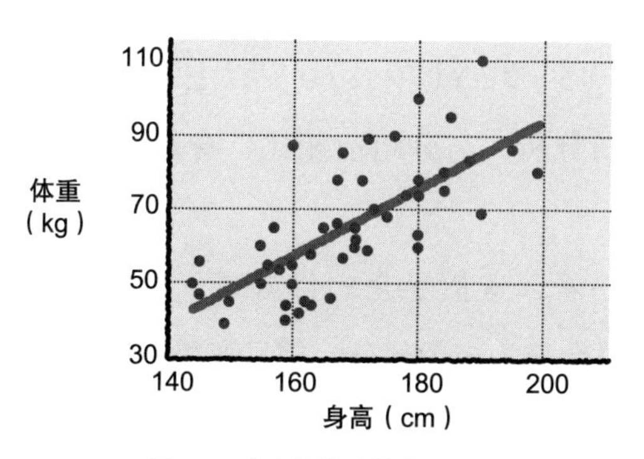

图 9-1　身高与体重的分布图

注：图仅供示意。

当相关系数为正值时，一方的数量增加，另一方的数量也会增加，二者呈正相关。“身高和体重的关系”是正相关关系。

相反，如果一方的数量增加，而另一方的数量减少，则二者是负相关关系。

当相关系数的值接近正1或负1时，相关性较强；当相关系数接近0时，相关性较弱。

现在，我们可以很容易地利用电子表格软件和各种统计工具进行回归分析，并将其用于各种统计分析。

然而，回归分析中潜藏着一些我们需要注意的陷阱。

第一，数据划分得越细，相关性就越强，但结果就越复杂。

以身高和体重为例，将群体按年龄分为20～39岁、40～59岁、60岁及60岁以上等不同组别，分别进行回归分析，与分组前相比，身高和体重的相关性更强。

乍一看，这似乎是一件好事，但需要注意的是，分析结果会分为多个部分，并且变得非常复杂。

更甚，如果把各个年龄组，分为注意控制饮食且运动的人与不注意这两方面的人，在各个组内进行回归分析，可能会得到更强的相关性。

但是，数据划分得越细，分析结果也就越复杂、越难理解。

第二，如果把原因和结果颠倒过来，就会得出一个奇怪的推论。

回归分析用一条直线显示两者之间的关系，但没有显示它们之间的因果关系。

举个例子，我们观察各个城市警察数量和犯罪率的关系，会发现两者是负相关的。

我们得出推论“警察越多，犯罪率就越低”，可以说是妥当的。但是，“犯罪率越低，警察就越多”，这种推论不得不说是非常奇怪的。

第三，强行套用直线关系是没有意义的。

在棒球比赛中，以候补投手为例，分析赛前投手练习区的投球数与比赛投球结果的关系。

候补投手如果不在赛前投手练习区进行一定程度的练习，在比赛中就不会有好的成绩。但是，如果候补投手在赛前投手练习区过度投球的话，会感到疲劳，也会产生不好的影响。

也就是说，候补投手在赛前投手练习区的投球数与比赛投球结果之间的关系，不能用简单的直线来表示。

在这种情况下，你应该考虑用曲线来近似模拟，而不是拘泥于直线。

第四，不应该只靠回归分析进行勉强的推理。

2000～2009年这10年间，日本65岁以上人口和美国的手机合同数量都有所增长。通过回归分析，我们可以看到两者之间有很强的正相关性。

但是，即便如此，“2000～2009年这10年间，日本65岁以上的人口数量上升，所以美国的手机合同数量增加了”这样的推论也是无稽之谈。

最后，第五点是应用篇。

这是一个叫作“多重共线性”的问题，即在分析时，假设存在多种原因。

这个有点难，可以选择跳过，有兴趣的朋友也可以阅读一下。

举个例子，在刚才提到的警察数量和犯罪率案例中，再加上警车数量，我们得出推论“警察和警车的数量多，犯罪率就会下降”。

这被称为“多元回归分析”。这个方法通过警察及警车的数量更加细致地反映犯罪率。

在这里，我们有时会得出这样一个分析结果：警车数量多，犯罪率就会上升。当假定的警察数量与警车数量之间存在较强的相关性时，就会出现这种情况。

在公式中，“警察的数量多，犯罪率就会下降”，二者的相关性很强，警车的数量和犯罪率的关系就像是要抵消这个关系一样，表现为与前者相反的关系。在这种情况下，我们可能首先需要排除警察数量的影响，再重新分析警车数量与犯罪率之间的关系。

综上所述，在回归分析中存在陷阱。

回归分析可以成为支持推论的证据之一，但并不是只有回归分析才能证明推论的正确性。

第 2 章

某个战略是有利的还是不利的——决断能力

运用假设进行思考，能够做出正确决定

“人生就是一系列的选择。”

这是剧作家威廉·莎士比亚在《哈姆雷特》中所说的话。

的确，我们每天都面临着各种各样的选择场景，被迫做出各种决定。从“今天穿什么衣服”“晚饭吃什么”“休息日怎么过”这样的“小决定”，到升学、就业、结婚、买房等左右人生的“大决定”，内容多种多样。

问题是，需要决定的内容越重要，就越不容易下定决心。这是“不想失败”的防卫本能使然。烦恼的种子可谓无穷无尽。

那么，怎样才能当机立断地做出正确的决定呢？

决策离不开信息的“收集”与“分析”。即便如此，信息也不是随便收集一下就可以了。收集与分析信息也是有诀窍的。

在统计思维中，需要重视收集“做决定所需的判断材料”。

你需要建立一个假设，并收集能够支持它的信息，以引导自己做出正确决定。

例如，在买车时，首先提出“有车，购物就轻松”的假设。然后，收集“有车，购物能够变得多么轻松”的信息，比如出行时间、费用、搬运行李的劳力等，与乘坐电车做比较。

如果你能证明你的假设是正确的，你就能毫不犹豫地做出决定。

另外，在分析信息时，需要注意“看待数值的方式”。

这是因为在比较多个数字信息时，比较结果会因使用不同指标的数值而异。

棒球投手的成绩就是一个简单易懂的例子。根据防御率还是胜利数来判断，对成绩的认知也会发生变化。

满意度调查等类似的调查结果同样需要注意。调查对象的人数及属性、问卷调查的提问内容等因素，都可能对结果产生影响。如果用统计思维收集与分析信息，就会更加容易做出正确的决定。

在本章中，我们将介绍 7 种方法，教你如何利用统计思维做出更合理的决定。

中彩票的钱如预想的那样消失不见

不为金钱所诱惑的思考方式

一个人的行为，很容易反映出他的性格。

特别是花钱方式可以将人的个性淋漓尽致地展现出来。

比如，既有对喜欢的东西积极花钱的“消费者”，也有即使有想要的东西也忍耐着，踏实存钱的“节俭家”，当然也有适当花钱、适当存钱的人。不过不管是哪种类型的人，一个人的花钱方式都能如实地反映他的性格与个性。

那么，“花钱方式”与“赚钱方式”之间的相关性如何呢？

不同的赚钱方式，会导致花钱方式发生变化吗？

这也会如实反映人的性格与个性吗？

假设现在你手头有100万日元，这笔钱的用途可以有以下三种。

① 出国旅行，随心所欲地吃喝、购物等。

② 用作日常生活的必要经费，如装修自家旧房子等。

③ 作为将来的积蓄，存入银行账户。

赚100万日元的方法，暂且限定为以下两种。

1. 工作一年，每天加班到很晚，一点一点赚够100万日元。

2. 偶然买的彩票很幸运地中了100万日元。

赚钱方法不同的情况下，对上述①～③的三种花钱方式的选择会有所不同吗？

这里需要注意，不管用的是什么样的赚钱方法，这些钱都是100万日元。

钱是没有颜色的。这一点，任何人都明白。

但是，当你实际看到辛辛苦苦赚了一年的100万日元时，你的看法会发生不可思议的变化。为将来准备存款、买能够留下的东西等，这些方式都很合适。

然而，如果是凭运气获得的100万日元，人们就容易认为大手大脚地一下子用光比较好。

大家意下如何呢?

赌场盈利效应

实际上，行为经济学的实验结果表明，比起辛辛苦苦赚到的钱，凭运气得到的钱更容易被一次性花光。

这被称为“赌场盈利效应”（house money effect）。“house”是赌场的意思，因为赌博赚来的钱经常会被大肆挥霍，所以才有了这样的叫法。

在进行赌博及资产运营的投机活动时，需要注意赌场盈利效应。假设某一次，我们通过短期外汇交易赚了 50 万日元，那么这 50 万日元就很容易被认为是偶然得到的幸运之财。

于是，我们也就更容易认为：“反正这是凭运气得到的钱，就算没了，也不会在意。”

然后，抱着“损失 50 万日元也没关系”的想法，开始更加大胆的短期外汇交易。这是非常常见的情况。

如果交易能够持续赚钱也没什么问题，不过肯定也会碰到不顺利的时候。好不容易得到的 50 万日元，也有可能全部失去。

这就是问题所在。

赌徒谬误

如果能果断地退出交易就好了，但是人心都是贪婪的，很难轻易割舍。

心中的恶魔，一定会这样低声说道：

“上次不是轻而易举就赚了50万日元吗？是赚是赔，反正就是二选一。最近持续亏损这么多，不可能再继续亏损了。

“在下一次交易中，一定能赚钱。

“是啊！说起来，我有攒下来的生活费。用一点生活费，赚钱后再放回去就行了。一定会好起来的……”

之前持续亏损，所以下次会赚钱，这种想法被称为“赌徒谬误”（gambler’s fallacy）。

汇率等投资市场连续下跌了几天之后，你可能觉得差不多要涨了。但是，无论是统计学还是经济学，都没有任何合理的依据来支持这一点。

赌场盈利效应和赌徒谬误结合在一起，很容易发生投机悲剧。这样的悲剧，自古以来屡见不鲜，在小说、电视剧、电影等作品中反复出现。

开始进行投机时，心里应该提前建立一个隔断，明确区分辛苦赚到的钱和幸运赚到的钱。

尽管如此，如果在投机中出现亏损，就会以“反正钱是没有颜色的”为由，恰到好处地把那个隔断拆掉，同时，认为“亏损不会持续下去”，这种没有根据的自信也会进一步推进投机行为（见图 10-1）。

什么是赌场盈利效应？

——凭运气得到的钱容易被浪费——

什么是赌徒谬误？

——认为之前持续亏损，所以下次会赚钱——

图 10-1　为何出现金钱悲剧

就像文章开头所说的那样，这些可以说是人的性格与个性吗？

有史以来，在不同时代、不同国家，类似的事情反复发生，从这一情况来看，应该把它看作所有人或多或少都有的心态。

正如俗话所说的那样，“金钱让人眼花缭乱”，在金钱面前，谁都容易心烦意乱。

在说到性格、个性之前，本来人就是很容易抵挡不住金钱诱惑的。

当你买大件东西的时候，你需要想一想赌场盈利效应和赌徒谬误，保持理性。

为了能够聪明地花钱，不被金钱的魔力所左右，退一步冷静地做出决定是非常重要的。

“全员一致决定”为何会留下隐患

跳出团体迷思陷阱的方法

会议、集会、碰头会等，平时以团体形式决定一些事情的场合十分常见。

如果某件事是以多数表决的方式“全员一致”决定的，我们便会认为这是一件很棒的事情。

然而实际情况并非如此。越是在某个团体一致决定某件事情时，越需要引起注意。

参与人数很多，但没有人提出反对意见，这种情况不太合乎常理。那么，在这个团体内，有什么看不见的力量在起作用吗？

团体迷思

人在组成一个群体后，便会出现“团体迷思”这个问题。

这是社会心理学中的一个专业术语，1972 年由美国耶鲁大学的欧文·贾尼斯教授提出。

比如某个团体通过协商进行决策。当这个团体拥有强大的凝聚力时，它会向成员施加压力，要求他们保持整齐划一，强迫他们在团体内部进行封闭式思考，让他们产生高估团体本身的妄想。

其结果是，该团体做出了比单个成员的决策更加不合理的决策。

在这里，我们来看看“团体迷思”产生的机制。

假设某个会议的一名成员对某项议案有自己的看法。如果他能在会议上坦率地表明这一点那再好不过，但实际情况并非如此简单。

例如，该成员与已经发言的人意见相反。如果对于自己的发言，其他成员点头表示赞同会怎么样呢？

会不会有如下这些想法？

“说出自己的意见，会不会破坏这个场合的气氛？”
“说出自己的意见，会不会降低别人对自己的评价？”
“会不会被大家排斥？”……

又或者，他可能找出如下的理由安慰自己。

“即使不在这里表明自己的意见，也没有什么大不了的。大家所想的意见一定比我自己一个人所想的更加正确。接下来还有其他事情，此时放弃自己的意见，选择‘以和为贵’也很重要。”

就这样，这个人终于做出了“不发言”的选择。他会默默地承认与自己意见相反的集体决定。

团体迷思，会带来很大的弊端。常见的情况就是，没有发言的人“实际上，心里持有与决定内容相反的意见”。

一些事情好不容易才能在会议上进行讨论，如果选择不发言的话，个人的意见就无法实现共享。不仅如此，声音大的人、态度强硬的人的意见会被通过，集体决策也会与本来应该有的状态产生偏差。

团体迷思也经常出现在国家军事战略、企业经营战略等重大决策的会议上。在社会心理学中，有很多以集体决策的失败事例为案例开展的关于团体迷思的研究。

群体智能

“群体智能”是与“团体迷思”相反的一个概念。它是指在昆虫、鱼和鸟等族群中，在每个个体独立活动的同时，族群整体表现出有组织的活动状态。

傍晚时分，天空中的大雁以 V 字形的队伍飞过，海中的沙丁鱼群整齐地洄游，这些都代表着群体智能良好的运转状态。发挥好群体智能的作用，关键是每个成员都要按照群体内部的简单规律独立行动。

由此，一个群体将会出现有组织的复杂活动。

目前，在人工智能的技术开发等领域，群体智能的研究正在不断深入。

团体迷思和群体智能的区别在于群体凝聚力的强弱。以前面在会议上的发言为例（见图 11-1）。

图 11-1 “全员一致”未必是正确的

在陷入团体迷思的状态下，群体内部的凝聚力过于牢固，个人无法发表自己的意见。因此，在团体迷思状态下的表决，更多的是全员意见一致。

对此，在群体智能的状态下，群体内部拥有适度的凝聚力，个人可以独立地讨论议案，坦诚地说出自己的意见。在讨论完各成员的意见之后，最后可以进行有条不紊的表决。

那么，怎样才能避免陷入团体迷思呢？

如果在会议上陷入团体迷思，议长可以暂时中断讨论，让大家休息一下。这样成员便有机会脱离群体，进行独立思考。

虽然只是这么一个简单的操作，但是成员从团体迷思的状态中解放出来后，更容易表达自己的意见。

我们在以团体形式做某件事的时候，往往倾向于重视加强内部团结。尤其在日本，“以和为贵”的思想可以说是根深蒂固的。

但是，过于牢固的凝聚力，可能导致团体迷思。所以我们要保持群体智能的状态，不受任何制约，努力营造一个可以用自己的大脑进行独立思考的环境。

如何决定家电产品的保修期

人们以安心为前提做出决断

我们在日常生活中的各种场合都被迫做出决断。

如果必须做出决断的是“重大的事情”或“没有经验的事情”，那么这个决断就不能轻易做出。

有没有什么能很好地做出决断的方法呢？让我们以家电产品“延长保修期”为例，用行为经济学的一些理论来思考一下。

据说在发放奖金的夏季和冬季，家电产品也能卖出高价。

在购买家电产品时，人们经常被迫选择是否延长保修期。

收银员曾经问过我这样的问题。大家是否也有类似经历呢？

“这款产品厂家保修 1 年，我们店有将保修期延长至 5 年的服务。您只需要支付 500 日元的延保费，就可以延长保修期，您是否需要呢？”

因为这是还没用过的产品，所以我们不知道它有多容易出故障，出了故障会有多麻烦。

我们很难判断是否应该支付延保费来延长保修期。

这种时候，怎样才能做出令人信服的判断呢？

在这里，我将介绍一个行为经济学中的实验。

关于钱的支付方式，有两种选择。

①支付 500 日元。

② 0.1% 的概率需要支付 50 万日元，99.9% 的概率 1 日元也不用支付。

如果你必须选择一个，你会选择哪一个？

需要支付的平均金额，①和②都是 500 日元。实验结果显示，选择②的人更多。

“概率为 0.1% 的不幸很少发生，也不会发生在自己身上”，抱着这种乐观想法的人很多。

但是——

“如果选择了②，必须支付 50 万日元的话，那将是一个很大的负担。而 500 日元则能避免这种情况，这是一份能让您安心的保险费。”

像这样，仔细地说明“保险到底是什么东西”之后，选择①的人变多了。

这在行为经济学中被称为“保险语境”(见图 12-1)。

人如果理解了“通过保险来保护重要的东西”这件事，就会感受到安全感的作用，就更容易购买保险。

如果你在犹豫是否延长家电产品的保修期，首先要仔细倾听店员的解释。

因此，如果能感受到“安全感”的作用，那么就可以延长保修期。

如果感觉不到“安全感”的作用，做出不延长的判断就可以了。

特别是在购买保险等无形的东西时，充分理解商品和服务的机制是很重要的。因为如果不知道其中的机制，就无法获得安全感。

善于做出决断的方法，就是在安心的前提下做出决断。

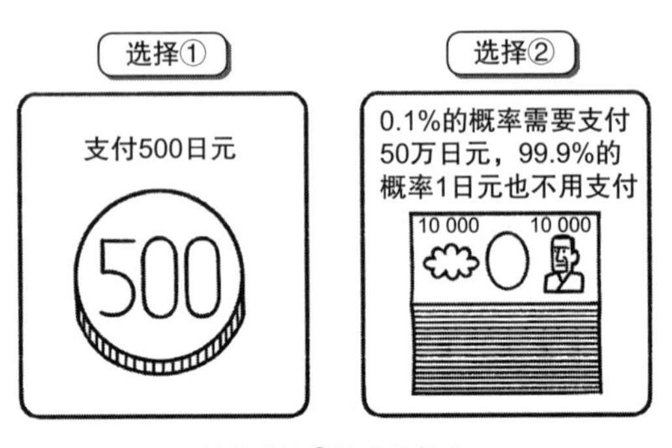

通常选择②的人比较多。

不过——

通过“保险语境”进行说明后，
选择①的人变多了。

也就是，人们以安心为前提做出决断！

图 12-1　选择哪一种“付款方法”

第13课 信息过多导致人们无法做出决断

信息偏倚会干扰判断

在日常生活中，我们每天都会被大量的信息包围。

在这之中，人们往往认为要做出正确的决定，就需要更多的信息。

信息真的是越多越好吗？

关于信息量与正确决策之间的相关性，已经进行了许多研究和实验，这里介绍一些典型的案例。

在德国马克斯·普朗克研究所工作的格尔德·吉仁泽（Gerd Gigerenzer）博士向美国芝加哥大学和德国慕尼黑大学的学生提出了以下问题，并分析了他们的回答。

> 你认为圣地亚哥和圣安东尼奥这两个城市，哪个城市的人口更多？

在提问的时候，正确答案是“圣地亚哥”。

圣地亚哥是美国加利福尼亚州南部著名的港口城市。

然而，圣安东尼奥是美国得克萨斯州中南部的一座城市。在德国，它不像圣地亚哥那样有名。它是历史上得克萨斯独立战争时期（1835 ～ 1836 年）阿拉莫堡垒所在的城市，并由此而得名。

令人意外的是，从两所大学的学生对这个问题的回答来看，尽管是关于美国城市的问题，但是慕尼黑大学学生的正确率比芝加哥大学学生的高。

为什么呢?

芝加哥大学的学生因为对圣安东尼奥这座城市有一定的了解，反而迷失了方向。

慕尼黑大学的学生回答说：“之前没有听说过圣安东尼奥这个城市，只是因为听说过圣地亚哥这座城市，便选了它。”

不过现在，圣安东尼奥的人口已经多于圣地亚哥的人口了（《世界统计年鉴（2017 年）2-5 主要城市人口》日本总务省统计局）。

信息偏倚

从学生的回答中可以看出，“信息越多就越能做出正确的判断”这一说法并不成立。信息过多，反而会引起迷惑和混乱，误导人们的判断。

但是，人们往往认为信息越多越能做出正确的判断。这在心理学中被称为“信息偏倚”。

关于信息偏倚，美国有一个关于医生病理诊断的研究事例。

研究人员向医生提出了以下问题。

出现某种症状的患者，有 80% 的概率是患了 A 疾病。如果不是 A 疾病，就可能是患了 B 疾病或 C 疾病。

如果不是 A 疾病，医院有一项昂贵的特殊检查可以确定是 B 疾病还是 C 疾病。

如果这种症状出现在了你的患者身上，你想让你的患者做这项特殊检查吗?

如果是为了判定疾病是否为 A 疾病而让患者接受某种检查的话，这是可以理解的。但是，在知道有 20% 的概率不是 A 疾病，而可能是 B 疾病或 C 疾病之后，我们也无法无视 80% 患 A 疾病的概率，无法开始针对 B 疾病或 C 疾病的治疗，所以这项检查没有什么意义。

尽管如此，许多医生还是希望增加手头的信息，并希望患者进行昂贵的检查来确定是否患B疾病或C疾病。

由此可见，姑且不论信息是否真的有用，但它确实具有使人安心的作用。

也就是说，人对不懂的事情感到不安，对知道的事情感到安心。

但是，信息并不是越多越好。比起没有信息，因为有太多的信息，反而导致判断错误的情况也相当多。

在各种媒体都在谈论大数据的今天，人们需要加强对于信息的收集，储备以前无法想象的大量数据。

但是，如果一味地收集信息，满足于拥有大量的数据，就无法做出有效的决策和有意义的判断。

对于增强决断能力，舍弃不必要的信息，只选择必要的信息是十分重要的。

平时要提高取舍信息的意识警觉。

比较“患者数”还是“患者比例”

多角度认识数值信息的习惯

统计性的数值信息是做出决断的有力依据。

所谓数值信息，是指用实际数字和比率等数值表示的信息（如 A 市的人口是 X 万人，B 镇的老年人比例是 Y% 等）。正因为这是决断时有力的依据，所以我们要注意如何看待数值信息。

以医疗、养老等社会保障政策为例。

在研究各地区的政策时，要比较各地区的实际情况，掌握各自的特征。

市、镇、村的比较也有以实际数量进行的，但是仅仅是实际数字的话，会受到人口和面积等各市、镇、村规模的影响。

因此，我们要改成单位人口或单位面积的比率进行比较。

使用比率就可以进行确切的比较，不受各市、镇、村规模的影响。

例如，为了判断各个自治体的糖尿病预防措施的优先级，我们来比较一下 A 市和 B 镇居民的糖尿病状况。假设我们做了一个疾病相关的调查，得到了以下数据。

A 市是地方核心城市，人口有 500 000 人。而 B 镇是一个典型规模的城镇，人口只有 5 000 人。从糖尿病患者的实际人数来看，A 市压倒性的多，因为 A 市人口多，所以这也是理所当然的。

下面，我们用患者数除以总人口数，用糖尿病患者比例来看一下。这时，B 镇的比例高于 A 市的比例。也就是说，B 镇糖尿病患者的比例更高（见图 14-1）。

	A市	B镇
（1）糖尿病患者数	10 000人	110人
（2）人口	500 000人	5 000人
糖尿病患者比例 （1）/（2）	2%	2.2%

图 14-1　从表中可以解读出什么

从这个结果来看，糖尿病的预防对策应该优先从B镇开始实施。不过这时你可能忽然冒出一个疑问。

从患者的实际人数来看，A市比B镇多几十倍，但是预防措施优先考虑B镇，这样真的合适吗？

也就是说，相对于实际人数，我们更应该重视比例吗？

在体育比赛中比较选手的表现时，也会产生这样一个问题，那就是应该用实际数量还是比率来进行比较。

如果只根据选手的比率来比较的话，就会产生各种各样的问题。

最具代表性的是棒球的安打率排行榜。单纯比较各选手的安打率，1次打数有1次安打的选手，其安打率为100%。如果把这位选手直接排在第一位，就没有与其他站在更多的击球位上击出更多安打（以及未打出安打而退场）的选手进行适当的比较。

因此，在职业棒球中，一般会事先规定打席数需要达到所属球队比赛次数的3.1倍等要求，只有满足规定打席数的选手才有机会进入安打率排行榜。

其他体育项目在以排行榜形式比较个人成绩时，也会设置类似的数量标准。

在篮球的罚球命中率方面，罚球命中次数必须达到一定值，才能进入排行榜。此外，排球的进攻成功率同样要求进攻次数达到一定值。

这样看来，你会发现，无论是实际数量还是比率，如果只看其中一个数据，都不能说是进行了适当的比较。

也就是说，我们需要同时考虑实际数量和比率。

在糖尿病预防的例子中，不仅要看糖尿病患者的比例，还要看患者人数的多少。这样的话，我们就不用拘泥于糖尿病患者比例的微小差异了。

在棒球击球手的例子中，安打率和打席数都很重要。作为职业棒球等击球手的第一名，安打率最高的选手被授予首位击球手奖，安打数最多的选手被授予最多安打者奖。

数值信息具有具体、客观的特点。

但是，我们不应该稀里糊涂地轻易接受一个数值信息。我们要从多方面捕捉实际数量及比率等数值信息，进行相应的分析和评估，进而做出自信的判断，提高决断能力。

在看到数据时，我们要养成习惯，学会用自己的头脑思考，判断是否需要从其他角度全方位地分析该数据。

第15课 有能力的人运用两种战略进行判断

聪明的定位法

对于做出“正确的决断”，制定“正确的战略”是很重要的。

没有战略是万万不行的，但如果制定的战略模糊不清，就会导致决断错误，错失决断机会，对事件的应对陷入被动状态。

那么，制定什么样的战略才能做出正确的决断呢？

在一个群体中，当你思考个体应该如何行动时，自然界中生物的状态有时可以作为参考。根据对生物群体的观察，“博弈论”推导出了人类社会的适应战略。

在这里，我将介绍两种具有鲜明对比的战略，一种是“族群战略”，另一种是“地盘战略”。

族群战略

族群战略是指通过个体形成的集合来生存的战略。

在像沙丁鱼之类的鱼、斑马等动物中，都能看到这一战略。

族群战略有两个好处。

第一，群聚提高了对周围的警戒监视功能。对于天敌接近时的风险，单个个体很难全方位全天候监控。但是，如果成群结队、分工监视的话，就有可能随时保持警惕。

第二，如果被天敌袭击，被捕食的个体数量就有限，大多数个体都能幸存下来，被捕食的风险就会降低。

因此，族群战略提高了对天敌的警惕，降低了每个个体被捕食的风险。

不过，族群战略也有缺点。

当族群变得极端庞大时，族群中争夺食物的情况会变得严重，族群社会中的上下级关系也会变得复杂。而且，争斗会越来越多。

地盘战略

地盘战略是指通过个体的分散来分享有限资源的战略。

这是在老虎这种食肉动物、香鱼等鱼类中观察到的战略。

地盘战略，也有两个好处。

如果地盘发挥作用，每个个体都可以独享自己地盘里的食物，同时保持适当的距离。

另外，地盘对于繁衍后代也很有效。在进行繁殖和养育孩子的时候，有了地盘，就可以过上稳定的生活。

但是，地盘战略也有行不通的时候。

如果资源有限，而个体数量太多，就会出现无法拥有地盘的个体。

于是，为了防止其他个体侵犯自己的地盘，地盘的主人就不能放松警惕。这样一来，就很难在自己的地盘里悠然地独享食物。

企业的族群战略和地盘战略

如此看来，企业的族群战略和地盘战略各有长短。

这两种战略，在人类社会中也很常见。

例如，在企业工作的员工采取族群战略。族群战略能提高员工对企业所面临的各种风险的警惕，谋求其持续发展，他们通过领取等价的报酬来维持生活。

但是，企业形成了一个社会，社会的人际关系也会引发问题。例如，部分员工偷懒，员工之间因争夺岗位等发生派系之争，导致工作效率低下。

然而，在新兴产业中，创业公司的所有者在通过新技术拥有优势的情况下，我们也可以看到地盘战略的运用。

如果通过专利将新技术转化为知识产权，从而巩固自己的地盘，就可以基于此进行稳定的业务运营。

但是，如果在获得专利之前，出现类似的创业公司争夺市场，就很难保住地盘。

也有一些企业诱使员工采取地盘战略，赋予组织或职务以权限。每个员工都能完成自己的职责，从而稳定高效地开展工作。

但是，也有职务权限划分模糊，或者新业务尚未设定相应的职务权限等情况。在这种情况下，员工之间的工作职责可能存在重叠，或者可能出现不属于任何员工的工作职责，从而导致混乱。

这两种战略不能简单地分出优劣。一方面，一直采取族群战略的生物群体，如果不能很好地适应环境，就会全军覆没。

另一方面，如果只采取地盘战略，在个体数量增加的情况下，就有可能发生不断的争吵，使所有个体感到疲惫。

根据所处的环境，随机应变，灵活选用战略是很重要的。

采取地盘战略的香鱼，当个体数增加、地盘战略的优势减弱时，就会采取族群战略（见图 15-1）。从这个例子可以得出，不要固执于一种战略，随机应变，灵活选用战略非常重要。

香鱼个体数减少时
采取“地盘战略”

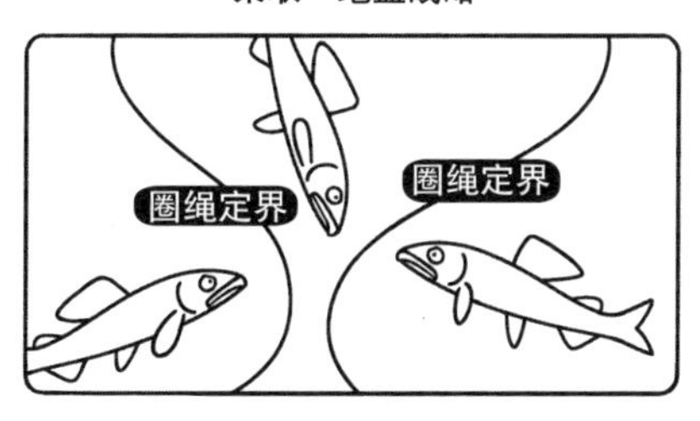

香鱼个体数增加时
采取“族群战略”

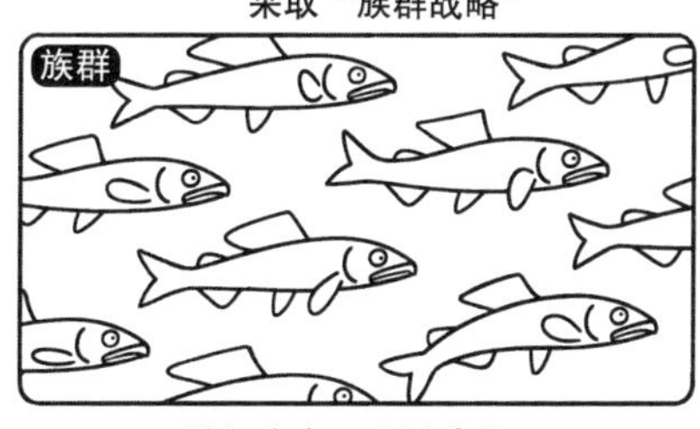

随机应变，灵活选用！

图 15-1 “族群”与“地盘”——灵活选用战略

在观察周围环境的同时，随机应变，改变采取某种战略的战略方式被称为“元战略”（见第34课）。在执行元战略的时候，察觉周围环境变化的能力变得必不可少。

元战略带来了战略的多样性。它不是族群战略和地盘战略二选一的问题，而是通过组合这两种战略，使战略具有灵活性。

香鱼是如何区分使用这两种战略的？这是一个有趣的问题。让我们期待相关生物学调查研究今后的进展。

我们人类也要学习香鱼，一边观察情况的变化，一边随机应变地采取战略，这是很重要的。

为了做出适当的决断，我们可以尝试重新审视制定的战略。平时就多多注意动用自己的头脑来灵活地思考吧。

癌症检查的结果有多准确

不要被“假阳性”和“假阴性”欺骗

对于做出“正确的决断”，“正确地把握情况”也很重要。

对于日常关心的事情，信息的收集和分析往往很顺畅，我们可以快速做出决定。但是，在平时不关心的领域，我们很难把握相关情况，决断也容易停滞不前。

例如，大家对于健康和医疗保健的态度便是如此。

近年来，在医疗领域，人们在生病之前就关注健康问题，预防医疗和促进健康的相关活动非常活跃。比如，为了能够在早期发现癌症，接受癌症检查这一行为正在被提倡。

但现状是，癌症检查的受检率迟迟没有提高。究其原因，那就是大家对癌症检查的关注度不高。

怎样才能提高癌症检查的受检率呢?

为了查看自己是否患病，人们需要进行癌症检查等各种各样的检查活动。在做完检查后，你会收到阳性或阴性的结果。

需要注意的是，检查的结果并不是100%准确。

有时候明明没有得病，却出现了阳性结果，这被称为“假阳性”。

相反，有时候明明是得了病的，却出现了阴性结果，这被称为“假阴性”。不管是假阳性还是假阴性都有问题。

一方面，关于假阳性的情况：通常，如果检查结果呈阳性，就需要进行精密检查，以判断自己是否真的患病。在精密检查后，大部分的人都被确定为没有患病，变成“哎呀哎呀，虚惊一场”的乌龙事件。

然而，事情并非那么简单。在精密检查的结果出来之前，初次检查中呈阳性的人，精神上会感到烦闷与痛苦吧。

另外，通常情况下，精密检查费用较高，还很费工夫。因此，在检查中经常出现的假阳性结果，对于接受精密检查的人来说，无论是精神方面，还是精密检查所花费的费用和工夫方面，都可以说负担重大。

另一方面，关于假阴性的情况：在这种情况下，即使接受了检查，也不能查明疾病。因此，我们不会采取任何治疗措施。

并且，只有在日后疾病恶化，症状开始表现出来之后，才开始接受诊断和治疗。由于诊断和治疗实施得太晚，也有可能让患者面临生命危险。

假阳性和假阴性是相反的关系，若想降低一个，另一个就会升高。

例如，如果为了降低假阴性的出现频率，提高检查的灵敏度，使其得到相当准确的阳性结果，假阳性的出现频率也会上升。

下面我们用癌症检查模型的数值来看一下这个情况。

癌症检查模型

假设有一个 10 000 人的群体。其中，患癌症的人的比例为 1%。这个群体的人，将全部接受癌症检查。

患有癌症的人有 99% 的概率，检查结果是阳性的。

没有患癌症的人有 95% 的概率，检查结果是阴性的。

在该模型中，有三个以百分比为单位的数字，你可能感到有些混乱。不过如果不是用比例，而是用实际人数来说明这个模型的情况，结果就像图 16-1 中的表格那样。

	患癌症	未患癌症	共计
共计	100人	9 900人	10 000人
诊断结果为阳性	99人	495人 假阳性	594人
诊断结果为阴性	1人 假阴性	9 405人	9 406人

诊断结果为阳性的人中，假阳性的比例为83.3%（≈495 ÷ 594）
诊断结果为阴性的人中，假阴性的比例为0.01%（≈1 ÷ 9 406）

图 16-1 看一看癌症检查模型的结果

在这个模型中，阳性的诊断结果中假阳性的比例占到 80% 以上。所以说即使出现阳性的诊断结果，也不用过于担心，继续接受精密检查即可。

只是在出现了这么多的假阳性时，你可能开始疑惑这个检查本身有意义吗？

但是，该检查成功地将 99 名癌症患者从 10 000 人的范围缩小到了 594 人，可以看出它是有一定效果的。

另外值得引人注意的是，表中被诊断为假阴性的那一位癌症患者。

原本，癌症检查的目的就是从健康群体中筛查找出癌症患者群体的范围。为此不能盲目地增加假阳性，结果就是无论如何都会出现这种假阴性。

通过定期接受体检，可以减少假阴性的出现。因此，在实际的癌症检查中，即使结果是阴性，也会鼓励大家进行定期检查。

同样是医疗检查，临床检查和癌症检查是不一样的。临床检查是针对患者和疑似患者。如果你怀疑自己得了癌症，那你检查的目的就是检测是否患有这种癌症。因此，需要减少假阴性。也就是说，有必要提高检查的灵敏度（对于阳性的判定）。下面用临床检查模型的数值来看一下这个情况。

临床检查模型

假设有一个 10 000 人的群体。其中，患癌症的人的比例为 1%。这个群体的人，将全部接受癌症检查。

患有癌症的人有 99.9% 的概率，检查结果是阳性的。

没有患癌症的人有 90% 的概率，检查结果是阴性的。

在这种临床检查模型中，假阴性的比例为 0，但假阳性的比例超过了 90%（见图 16-2）。就像这样，检查并不是完全准确的，会出现一定比例的假阳性和假阴性。

	患癌症	未患癌症	共计
共计	100人	9 900人	10 000人
诊断结果为阳性	100人	990人 假阳性	1 090人
诊断结果为阴性	0人 假阴性	8 910人	8 910人

诊断结果为阳性的人中，假阳性的比例为90.8%（≈990÷1 090）
诊断结果为阴性的人中，假阴性的比例为0（=0÷8 910）

图 16-2　看一看临床检查模型的结果

因此，在检查中，如何看待结果十分重要。

不断推进体检相关信息的公开，对周围人做好全方位的宣传，这样普通人就更容易做出选择体检的决定，使受检率提高。

不过，需要我们把握正确情况的不仅限于体检这件事。

要想做出正确的决断，首先要以正确的信息为依据，用自己的头脑正确地分析、把握情况。

基于以上所述，我认为我们首先应该接受定期检查，你怎么看？

第3章

某项选择是得还是失——洞察本质的能力

需要什么，不需要什么，轻松做出选择

对于生活在超信息社会的我们来说，要想不被信息所左右，不被数值所欺骗，掌握洞察本质的能力变得越来越重要。

若能够正确地活用信息，会给我们的生活带来很多的益处。

但是在这个世界上，确实有怀有恶意的人。尤其是统计思维所需要的数值信息更容易成为恶意攻击的靶子。

篡改数据，想要更好地展示自己的成绩；想要恰当地改写数值，作为资料的依据……

从欺骗方的角度来看，与概率和统计相关的信息，似乎是很好的材料。

这里有一个很好的例子，可以用来测试你洞察本质的能力。

这是美国一个热门电视节目中的“选择游戏”问题。

有三扇门，一扇是“中奖”，另两扇是“不中奖”。玩家从三扇门中选择一扇门，只要选到“中奖”就可以获得奖品。

在游戏进行到一半时，主持人摇摇晃晃地走过来。从玩家没选的两扇门中，打开一扇“不中奖”的门让玩家看到里面，之后便对玩家这样说：

“现在，你可以重新选择。”

如果是你，你会怎么做？

即使重新选择，中奖的概率看上去似乎也不会改变。

但实际上，如果重新选择，中奖的概率会提高。有的玩家无视主持人给出的选择，坚持第一个选择，从结果上来说这是不正确的。

在这个游戏中，中途改变选择是正确的，但在我们的日常生活中，也有不少场景需要我们做到不被信息迷惑从而做出正确判断。

正因为我们每天接收大量的信息，被迫做出判断，所以我们需要洞察“什么是正确的，什么是错误的”“什么是有必要的，什么是不必要的”等本质问题。

在本章中，我将介绍 7 个用统计思维洞察本质的诀窍。

概率既可以是 1/2 也可以是 1/3

“怀疑事物前提”的习惯

在商业街的抽奖活动中，抽奖机哗啦哗啦地转动着，然后会有人去领取奖品。你有过这样的经历吗？

很多人都去转动抽奖机，但是如果一直没有人开出一等奖，这种状态持续下去，开出一等奖的概率应该会越来越高。

这个抽奖机的例子很容易理解，但是一般来说，当作为前提的条件发生变化时，我们很难弄清概率会发生怎样的变化。

因为概率是看不见的，所以很难捕捉到其变化。

但是，对于强化“洞察本质的能力”来说，看清这些概率的变化是很重要的。

在高中的数学考试中，会出现使用硬币、骰子、扑克牌等的概率问题。

概率处理的是“发生的可能性”这种看不见的东西，所以“感到很难并且不擅长”的人可能不在少数。各位读者也有过类似感受吗？

概率让人觉得很难理解的一个原因在于，看似简单的问题却表现出了令人意外的一面。

两个孩子的问题

一个家庭，有两个孩子。其中一个是男孩。
这时，另一个也是男孩的概率是多少呢？
假设男孩和女孩的出生概率是一样的。

“两个孩子中的其中一个是男是女，应该与另一个孩子的性别没有关系。问题的第一行，一定单纯是为了迷惑回答者而加上的无意义的条件。因为男孩和女孩的出生概率是一样的，所以另一个也是男孩的概率是1/2。”

你是这样想的吗？

很遗憾这种想法并不正确。

静下心来思考一下，我们会看到如下的正确答案。

“因为有两个孩子，所以只有‘兄弟’‘兄妹’‘姐弟’‘姐妹’四种情况。因为男孩和女孩的出生概率是一样的，所以这四种情况出现的概率应该是一样的。两个人中，有一个是男孩，所以不可能有‘姐妹’。剩下的三种情况，如果需要满足另一个是男孩的条件的话，只有‘兄弟’这种情况。因此，另一个是男孩的概率是 1/3（见图 17-1）。”

图 17-1　一个是男孩，另一个呢

实际上，在这个问题中，“我知道一个孩子是男孩，这个时候，另一个也是男孩的概率是多少”，这句话有一个巧妙的安排。知道第一个孩子的性别是男性，且并不明确他是大的还是小的，所以留下了“兄弟”“兄妹”“姐弟”三种可能性。如果这个问题是“知道大的孩子是男孩，那么小的孩子也是男孩的概率是多少”，那就是“兄弟”“兄妹”中的一个，答案是1/2。与其说是概率问题，不如说是考查文章阅读能力的语言问题。接下来，我们思考一下取出两张扑克牌的问题。不要被骗了哦。

取出两张扑克牌的问题

从一组扑克牌中，取出一张扑克牌放入盒子里，不要看它的正面。从剩下的51张中，拿出另一张，看牌之后，发现是红桃。这个时候，放进盒子里的第一张扑克牌也是红桃的概率是多少呢？

对于这个问题，你可能不假思索地回答道：“一开始取出然后放入盒子里的那张扑克牌，不会因为之后取出的扑克牌而改变。52张牌中红桃有13张，所以放入盒子里的第一张牌是红桃的概率是13/52，也就是1/4。”

但是如果冷静地阅读这个题目，你的脑海中就会浮现出正确的答案。

“取出的第一张牌和取出2张后剩下的50张牌，合计51张，我们不知道它们的花色。”

“取出的第一张牌就是这51张中的一张。因为取出的第二张牌是红桃，所以在剩余的牌中，红桃的牌只有12张。”

“因此，放在盒子里的第一张扑克牌也是红桃的概率是12/51，也就是4/17。”

在这个问题中，第一张牌的花色并不受下一张牌的花色的影响。但是，第一张牌是红桃的概率会根据下一张牌的信息而变化。这是这个问题的重点。

如果第二张牌是红桃以外的其他花色的牌，那么放在盒子里的第一张牌是红桃的概率就是13/51。

像这样，如果给定的信息稍有不同，或者有额外的信息，概率就会发生变化。

在商业世界里，各种信息的交流十分频繁。

要知道，无论是信息的“传达方”还是“接收方”，信息中微小的差异和有无追加信息，都会对概率的数值产生影响。

当前提条件发生变化时，需要判断这件事和之前相比是否发生了变化，类似这样看清变化是很重要的。

第18课 班上有“生日相同的学生”的概率是多少

这真的是奇迹般的存在吗

在一个30人的班级里，有生日相同的学生的概率是多少呢?

一年有365天，学生生日重合的概率，可能让人觉得很小。

但是，实际上这种概率有70%以上（因为计算方法烦琐，所以在此省略）。

怎么样，各位，是不是被吓到了?

本来，“事情以多大的概率发生”是可以用数字来表示的客观存在。

但是，对于“事情以多大的概率发生”的感觉，是由每个人主观决定的。因为那是在每天的生活中，凭经验得来的感觉。

那么，我们每个人对概率的感觉，有多大程度的正确性呢？

概率是事件发生的可能性，用 0 到 1 之间的数字表示。通常情况下，概率是客观确定的，无论谁看，它的值应该都是一样的。

例如，你扔一个没有扭曲的普通硬币，正面和反面都有 1/2 的概率出现。掷一枚正常的骰子，每个点数都有 1/6 的概率出现。

应该没有人会反对这个说法吧？

主观概率

那么，概率很小、很少会发生的事情又是什么样的呢？

从观测月食、彗星等天体现象，巨大陨石掉落等科学现象，到外星人袭来等科幻事件，让我们来思考一下各种各样的事件吧。

虽然概率都很小，但并不为 0。

这些概率本来就很难计算。

如果概率可以计算出来，它是否与“主观概率”一致呢？

主观概率是指“人认为该事件发生的概率”。像硬币的 1/2、骰子的 1/6 这样物理上确定的概率被称为客观概率，而人通过感觉得出的概率被称为主观概率。

一般来说，非日常事件令人印象越深刻，其非日常性就越突出。

而且，对于不同的非日常事件，主观概率可能比客观概率大，也可能比客观概率小。

让我们来具体解释一下。

主观概率大于客观概率的例子

我们很少看到“月全食”。

2001 ～ 2050 年的 50 年间日本会发生 30 次月全食。大约每两年发生一次。也就是说，在日本的某个晚上，仰望星空的人偶然看到月全食的概率只有 0.2%。

尽管如此，但当我们在电视上看天体相关的新闻时，会有一种月全食频繁出现的印象。

我们来看看文章开头提到的关于某班级学生生日的案例。

主观概率小于客观概率的例子

在一个 30 人的班级里，有学生生日相同的概率高达 70% 以上。这个概率很高，可能让人感到意外。
如果是“班级里有学生和某某学生的生日相同的概率”，那最多也就 8% 左右。我们很容易把这个概率作为上述问题的主观概率。
但是，如果说“有学生生日相同的概率（任何两个人都可以）”的话，在 30 人的班级里，因为考虑到了很多学生之间的组合，概率一下子就变大了。

考虑主观概率的关键是共时性。

假设某位公司职员的祖先出现在他的梦中，跟他说了句话。

“不要光工作，偶尔请个假来扫扫墓吧。”

然后这位公司职员按照祖先的告知请假去扫墓，而正好就在那个时候，一块陨石掉落在了他家。

虽然自家房子被砸坏了，但是这位公司职员幸免于难。

于是，这位公司职员可能想：“祖先为了救我，特意在梦中告诉我要来扫墓。真是一件令人感动的奇迹般的事情。”

但是，这真的是奇迹吗（见图 18-1）？

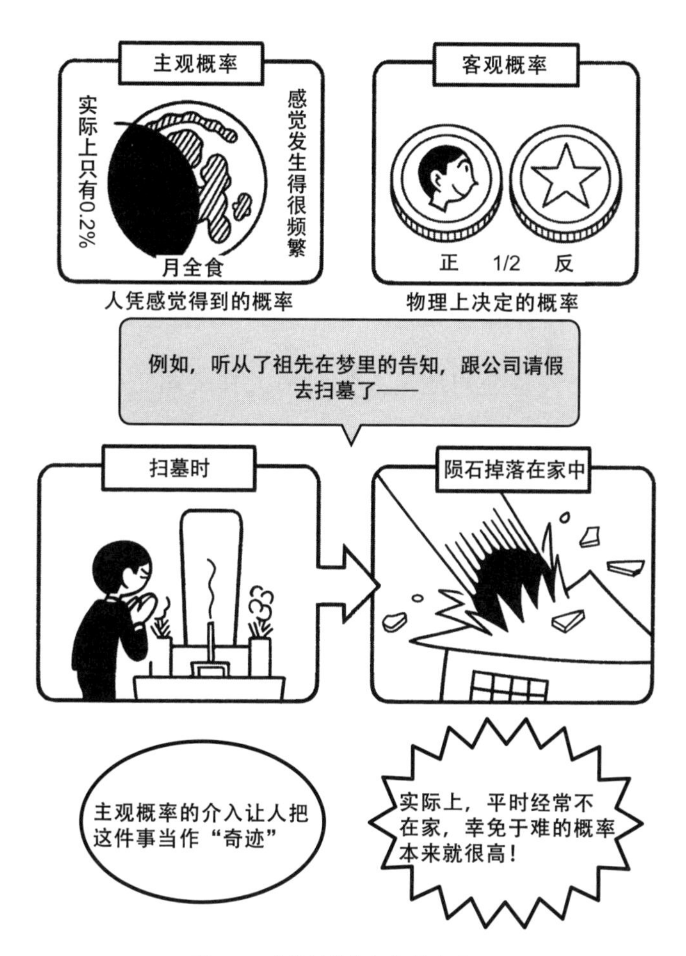

图 18-1　“梦里的告知”是奇迹吗

陨石掉到自家的情况，很少发生。这个公司职员很少去扫墓。

也就是说，陨石掉落和扫墓重叠的概率可以说是极小的。

但是，即使不去扫墓，而是像往常一样去公司上班，他也不会因为陨石掉落而受伤，不会对身体造成伤害。

在这种情况下，陨石掉落的概率不是关键，外出的概率才是关键。

这个人是公司职员，平时白天在公司工作。即使白天家里有陨石掉落，幸免于难的可能性也很高。

当你经历了陨石掉落这一令人印象深刻的非日常事件，并逃过一劫时，不管你外出的原因是什么，你都会认为这是一件奇迹般的事情。这是合情合理的。

在这种情况下，陨石掉落造成身体伤害的客观概率比其主观概率小。

像这样，共时性事件被人们当作奇迹，有时还会披上神秘或超自然的外衣。自古就有的迷信观念和不合理的习俗，大多有这样的主观概率介入。

为了不被这些迷信观念所迷惑，冷静地思考共时性的真面目，弄清什么是日常、什么是非日常是很重要的。

第19课 遭遇“台风”和“扒手”的概率是多少

猜测事物关联性的习惯

“东京都的降水概率为 20%，神奈川县为 30%，千叶县和埼玉县均为 10%。”

假设大家熟悉的天气预报是这样报道的。

那么，把这四个概率相乘，可以认为“一都三县都下雨的概率是 0.06%”吗？

这个概率太小了，感觉有点儿不对劲。

就像电视天气预报中的降水概率一样，概率已经渗透到我们的日常生活中。

取 0 到 1 之间的值，数值越大，表示事件（在这种情况下，是下雨）发生的可能性越大。

但是，在计算概率的时候，需要稍微注意一下。

让我们一边看具体例子，一边思考。

概率有时在法庭上被用作有力的证据。

20 世纪 80 年代中期，作为犯罪案件调查的证据，“DNA 鉴定”开始被采用。将案发现场留下的血迹的 DNA 与从嫌疑人身上采集的头发等的 DNA 进行比对，鉴定二者是否一致。这在刑侦类电视剧中也很常见。

据说当初的鉴定方法比较粗糙，二者 DNA 偶然一致的概率有 0.1% 左右。

近年来，DNA 鉴定准确率显著提高，巧合概率仅为 0.000 000 000 02% 左右，相当接近 0，提高了 DNA 鉴定在审判中的举证能力。

但是，在过去，由于 DNA 鉴定的错误运用或者对鉴定结果过于自信而导致了一些冤假错案，人们也开始做出反省。

日本最高法院的司法研修所在 2013 年发表的见解中指出：“为了利用 DNA 鉴定的成果做出正确的判断，必须正确理解其理论、技术的精确程度和界限。不能仅仅因为理论依据是可以接受的，就过于相信、过高评价检查结果及其所具有的作用。”

概率也可以用来表示“自然灾害、事故等发生的可能性”。

日本地震调查研究推进本部地震调查委员会 2006

年公布了一份报告，提供了日本自然灾害、事故等的发生概率供相关人士参考。

日本 30 年内：
因大雨受灾的概率为 0.5%。
因台风受灾的概率为 0.48%。
因火灾受灾的概率为 1.9%。
家里没人时遭到盗窃的概率为 3.4%。
遭遇抢劫的概率为 1.2%。
遭遇扒窃的概率为 0.58%。

在分析发生概率的时候，有几点需要注意。

在分析由几个事件重叠而成的复杂事件的发生概率时，需考虑各个事件是否相互影响，是否相互独立？

如果是相互独立的，各个事件发生的概率相乘则等于所有这些事件同时发生的概率。

在上述自然灾害和事故的发生概率中，假设因台风受灾和因扒窃受害是相互独立的事件，30 年里两个事件同时发生的不幸概率为 0.003%（≈ 0.48% × 0.58%）。

这样的事情，从概率上可以说是很少发生的。

但如果事件之间不是相互独立的，其发生概率相乘并不能得到正确的答案。因大雨受灾和因台风受灾这两件事是什么关系？

这些事可能分别发生，但一般不是相互独立的，因为台风来了往往也会有大雨。

在这种情况下，30年间同时因大雨和台风受灾的概率，不能计算为0.002%（≈0.5%×0.48%）。因为如果这两个事件相关关系很强的话，双方都引起受灾的概率不会大大低于各自的概率，故认为0.4%以上是妥当的。

在现实社会中，很少有人能说每个现象都是独立发生的。

一周后，股价上涨和利率上涨都发生的概率，不应该看作各概率的乘积（相乘之后的结果）。

一个人在未来5年里同时患高血压和中风的概率并不是各概率的乘积。

在未来10年里，非洲沙漠面积的扩大和日本台风数量的增加都发生的概率基于全球气候变化，不应该被看作各概率的乘积（尽管不能明确断言）。

最后，关于事件的独立性，有这样一个故事。

在一架飞机航行的过程中，驾驶舱里的副机长对机长说了这样的话："这架飞机上搭载的每一台发动机，因为故障而无法运转的概率是十万分之一。这架飞机上有两台发动机，所以两台发动机都发生故障而导致飞机坠落的概率是十万分之一乘以十万分之一，也就是一百亿分之一。这样的话，我们就非常放心了。"

如果不能保证两台发动机的电气系统和燃料注入的结构是相互独立的，就不能直接将两个概率相乘。这位机长必须对副机长进行概率知识方面的教学。

这只是个笑话，无伤大雅，但是冷静地思考事物的关联性，对于做出正确的理解和判断是非常重要的。

不要被表面的“销量提升”所蒙蔽

关于数字诡计的“谎言识破法”

我们工作、学习时，跟着我们走的就是“成绩”。

如果你是一个公司的经营者的话，那么你的成绩就是公司本年度的业绩；如果你是一个营业员的话，那么你的成绩就是你这个月的销售业绩；如果你是一名学生的话，那你的成绩就是第二学期的英语分数等。各种各样的东西都是用成绩来评价的。

公司经营者、营业员、学生应该都很在意自己的成绩。

如果成绩能成为激发公司与个人活力和干劲的动力，那就太好了。

为了提高成绩，我们要在经营方式上下功夫，磨炼工作技能，通过学习掌握知识，可以说这是很有意义的。

但是，如果不是真正地提升实力，而是单纯地想要提高表观成绩，从而进行一些策划，那就有些徒劳了。

请思考以下案例。

有一家房地产销售公司，它有 11 家分店。

根据年度销售房源数量的实际情况，公司会将排在前 6 位的分店划分到“销售业绩良好组”，排在后 5 位的分店划分到“销售业绩不佳组”。

有一年，销售房源数量分别为“180、170、160、155、150、145”的分店进入了销售业绩良好组。

而销售房源数量分别为“140、135、130、120、110”的分店被划分到了销售业绩不佳组。

如果公司老板安排你去提高两组的销售成绩，你会怎么做?

这家公司的销售主管想出了一个好主意。

那就是重新审视销售业绩良好组和销售业绩不佳组的分组方式。

具体来说，就是把销售了 145 套房源的分店，从销售业绩良好组转移到销售业绩不佳组。

这样，销售业绩良好组的平均销售数量就从“160”增加到“163”，销售业绩不佳组的平均销售数量也从“127”增加到“130”。

两组成绩都很好，真是一举两得的妙计。

主管得意地笑了。

请看图 20-1。

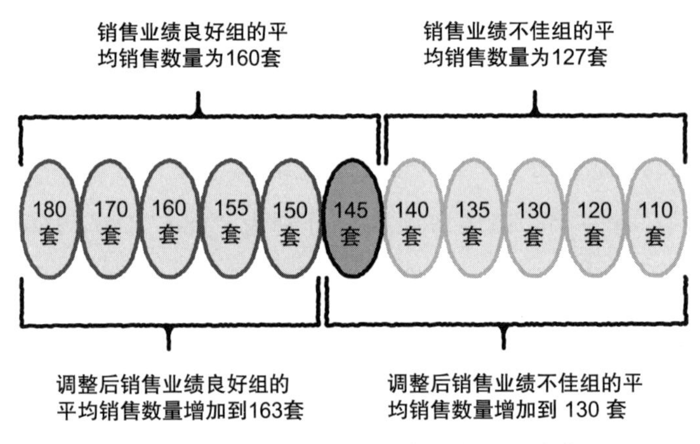

图 20-1　只是简单重新分组，结果就发生了变化

从表面上看，这种分组的调整的确提高了两个小组的销售成绩。

但请等一下。

这真的有助于提高公司的总销售业绩吗?

当然不可能。

这种利用分组的数字把戏，只不过是表面的敷衍了事而已。

老板绝对不会满足于这种表面上的成绩改善。

同样的把戏也出现在医疗统计数据中。例如，根据肿瘤大小和转移程度，“恶性肿瘤”被分为Ⅰ～Ⅳ 4个阶段。

从阶段Ⅰ到阶段Ⅱ、阶段Ⅲ，病情越来越重。

在医疗统计中，一般根据每个阶段的患者的5年生存率的高低，衡量对患者使用的治疗方法和药物等的效果。

假设在某家医院，有一个病人的病情处在两个相邻阶段（如阶段Ⅰ和阶段Ⅱ）的临界点上。如果划分到下一个阶段（阶段Ⅱ），这个病人的病情相比其他同类患者会更严重。但如果划分到上一个阶段（阶段Ⅰ），病情就会比其他同类患者轻。

如果将该患者的病情确定为较高的阶段（阶段Ⅱ），与确定为较低的阶段（阶段Ⅰ）相比，从表面上看，统计得出的两个阶段（阶段Ⅰ和阶段Ⅱ）的5年生存率都会有所上升。

这种提高表观生存率的效果在肿瘤学术语中被称为“阶段迁移”。

在编制医疗统计数据时，需要确认患者的阶段分布是否发生变化，以了解是否存在“阶段迁移”的情况。

就像房地产销售公司的例子，为了让成绩看起来更好故意改变分组是不值一提的把戏。

令人烦恼的是，在无意中，类似医疗统计的“阶段迁移”产生的影响会干扰治疗的实际成果。在进行某种治疗方法和药物等的临床试验的时候，需要充分注意这一点。

用于展示成绩的数字，可能隐藏在一些信息中。用自己的头脑思考成绩的计算方法，就能磨炼你洞察本质的能力。

第21课

“平均值”能否代表整体水平

寻找部分“突出数据”

想要正确理解统计，试着怀疑统计数据是一条捷径。

因为统计数据并不总是正确的。

例如，在统计中经常出现的“平均值”。

平均值非常有用、方便，因为它可以用来概括群体的代表性特征。

但是平均值也存在一些陷阱。让我们来详细了解一下。

一是部分数据差距特别大，导致平均值受到影响。

让我们通过平均值来看一下，一个由100名40岁健康男性组成的小组1年中住院次数的情况（住院率）。

将该小组过去一年的总住院次数除以100，得到住院率。估计很多人完全没有住过院，或者最多只住过一次院。

但是，其中可能也有身体不适多次住院、出院的人。如果小组中有一两个这样的人存在，得到的平均值就会大幅上升。

例如，100 人中有 5 人住过一次院，其余的人没有住过院，那么住院率就是 5%。但是，如果之前没有住院的其中一人精神疾病发作，反复住院、出院 10 次，住院率就会飙升到 15%。

二是群体中存在偏差，导致平均值扭曲。

以美国关于男性前列腺癌的性功能恢复率的调查为例。该调查统计了采用不同的治疗方法之后没有出现性功能障碍的性功能恢复率，并在报纸上公布了调查结果。

结果显示，各种治疗方法的恢复率从高到低依次为小线源治疗（从内部对整个前列腺进行放射治疗）、放射治疗、外科手术。

根据这个结果，得出了“小线源治疗术后最不容易出现性功能障碍”的结论。

但是，这里必须考虑的是，小线源治疗原本就是“身体好的年轻男性大多使用的治疗方法”。

这样来看，这个结果可以说是理所当然的。

我们需要注意平均值的计算所选择的群体，考虑数据的基础是否相同。

三是群体太小，平均值无法代表平均水平。

在大组中，分布是稳定的，偏离平均值的数据是有限的，这是一个数学定理。

反过来说，小的群体分布不稳定，导致平均值容易波动。

例如，估计一个群体中一年里有多少人感冒。

为了使感冒和不感冒的分布稳定、平均值稳定，这个群体至少需要包含 30 人。

对于一个十几个人的群体，根据数据计算平均值，是不太可靠的。

那么，有没有可以代替平均值的合适数值来代表群体的特征呢?

“中位数”是群体的中间数值，“众数”是出现次数最多的数值，它们可能成为候补数值。

事实上，这些值可以弥补平均值的弱点（由于平均值所具有的数学性质有时不成立，因此很难处理，在统计实务中似乎很少使用)(见图 21-1)。

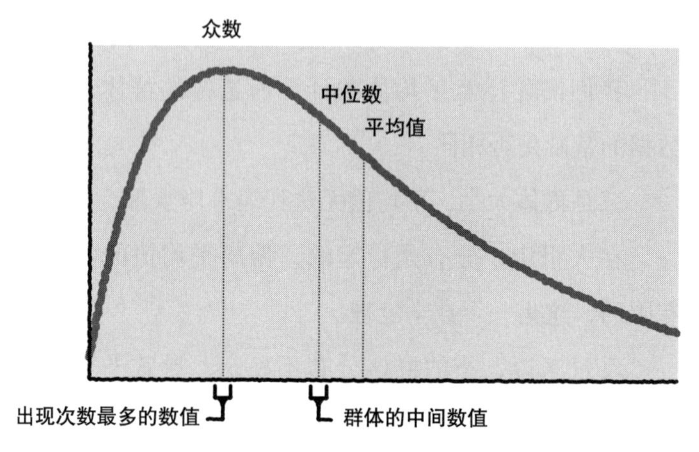

图 21-1　如何弥补“平均值”的弱点

像这样，即使是在统计中最常见的平均值，我们稍微思考一下的话，也会对其可靠性产生各种各样的疑问。

只是一味地相信统计结果，会埋下错误的种子，因此不要盲目相信。

不仅仅是统计，在思考问题时，试着对常识和前提提出疑问也是很重要的。

无论做什么事，不要单纯地相信得到的信息，持有批判性地去看待信息的态度是强化“洞察本质的能力”的第一步。

气温在30℃左右时，感觉因人而异

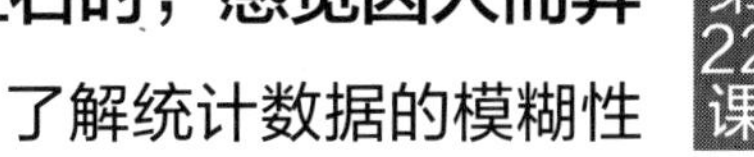

了解统计数据的模糊性

如舆论调查中的政党支持率、电视节目收视率、艺人人气排行榜等，世上有各种各样的调查，但数值数据总是有误差的。

如果将多个数据相加或相除，数据中包含的误差自然也会受到影响。

让我们结合数值计算的例子，来看一下实际情况。

对事物的感觉因人而异。比如，有人觉得气温30℃的天气很热，也有人不觉得很热。你可以用温度计测量气温，但很难测量人们的感觉。

这里，我们可以设想一种空调设备，它可以根据气温来改变运行方式。该设备将气温设置为“30℃左右”，而不是“30℃”这一数值。

“30℃左右”是用从28℃到32℃，以30℃为顶点的山形图来表示的。

图22-1中图①的纵轴是从0到1的值，表示横轴对应的值有多大比例归属于30℃，即“归属度”。归属度是指认为某一温度为30℃的人的比例。

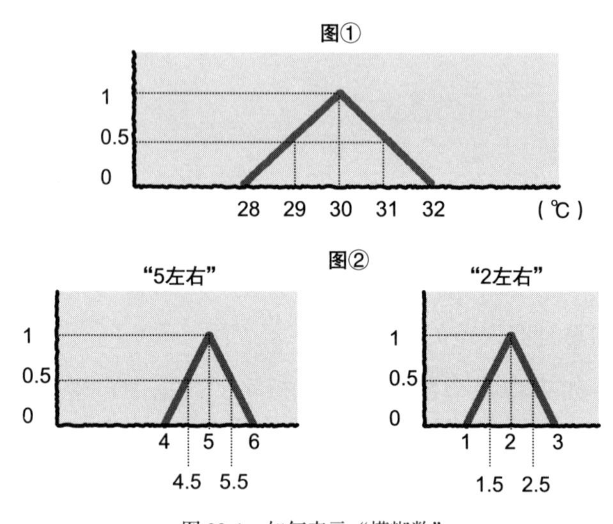

图22-1 如何表示“模糊数”

30℃的归属度为1，28℃和32℃的归属度为0，29℃和31℃的归属度为0.5。也就是说，有一半的人认为“29℃或31℃的感觉是30℃”（此处忽略数学上的严密性）。这种表示方式被称为模糊数（见图22-1中图②）。

“fuzzy”是“模糊”的意思。

处理模糊数的理论已经成为应用数学的一个分支，称为模糊理论。模糊数之间可以加减乘除。

试着计算一下下面的“5 左右”和“2 左右”吧。

首先是加法。“5 左右”和“2 左右”的和，如图 22-2 中的图③所示。当两个模糊数相加时，和的模糊度会增大。

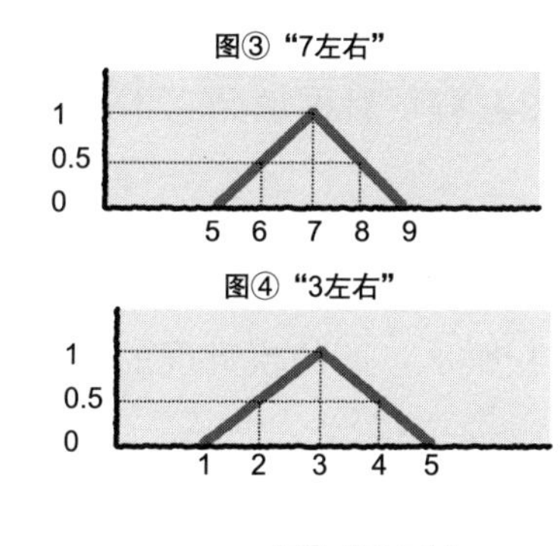

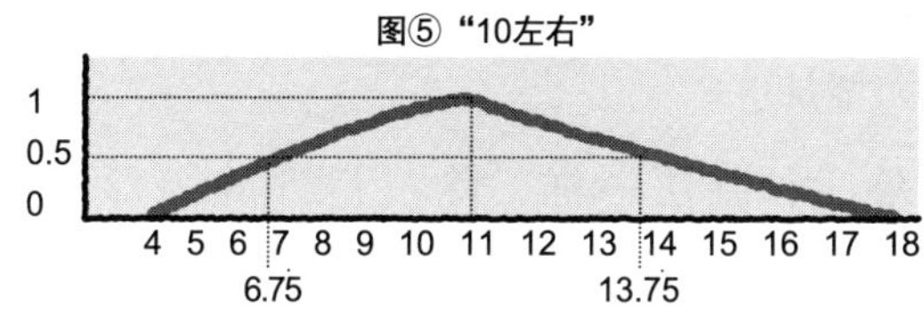

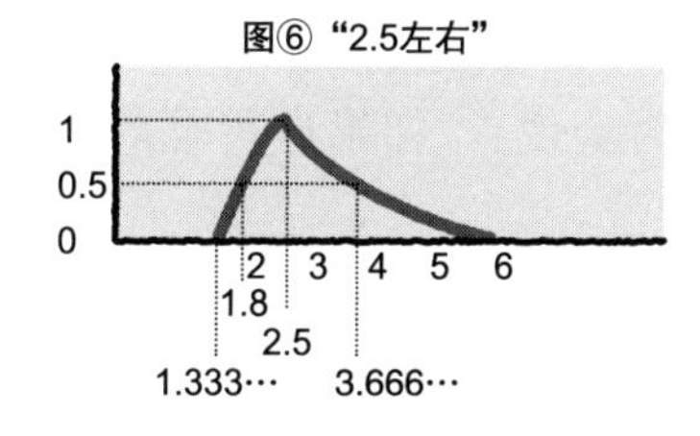

图 22-2 “模糊数”的加减乘除

其次是减法。“5 左右”和“2 左右”的差如图 22-2 中的图④所示，和加法一样，差的模糊度也会扩大。

再次是“5 左右”与“2 左右”相乘。在这个例子中，如图 22-2 中的图⑤所示，乘积的模糊度比加法和减法的模糊度要大得多。

但是，如果将负 1 和 1 之间的数字相乘，模糊度会减少。

此外，山形图左右不对称也是它不同于加法和减法的特点。

最后是“5 左右”除以“2 左右”。在这个例子中，如图 22-2 中的图⑥所示，商的模糊度的扩展程度与加法和减法相比不是很大。

但是，如果除数介于负 1 和 1 之间，则商的模糊度会大大增加。

另外，和乘法一样，除法得到的山形图左右不对称。

在进行将来的收支预测和社会变化等模拟计算的时候，我们有时会说：“如果进行幂的计算的话，误差会不断扩大。”

究其原因，就是多次的乘法运算会加大模糊度。

在多次相乘之后，需要注意计算结果的可靠性。

因此，重要的是要怀疑数值的可靠性，而不是稀里糊涂地接受。

在看统计数据的时候，要养成习惯，考虑数值中可能存在的误差。

洞察“数字逻辑”行不通的情况

“以小制大”的聪明思维方式

有一种简单的想法，认为“数量越多越好”。

在我们身边的例子中，“选举”就是一个典型。选举的根本在于“以多数表决的办法确定”“获得更多选票的人当选”等，通俗易懂是其最大的特点。

这是一个比较容易被接受的想法，很多人都会接受。

正因为如此，我才想冷静地考虑一下。

果真能说“数量越多越好”吗？

真的能说“数量越多，事情的影响力就越大”吗？

以“股东大会”为例。

股份公司每年召开“股东大会”。

股东大会是决定公司重要事项的决策机构，可以提出各种议案。该议案是被通过还是被否决，由股东以多数表决决定。

话说回来，股东“在表决中的影响力”是否可以说是与表决权的数量，即与“持有股份的数量”相同呢?

从文章开头提到的“数量越多越好”的想法来看，“持有股份越多，对表决的影响也就越大”。但这个推测正确吗?

假设，有一个全部股数为100股的股份公司。

该公司的股东为A、B、C、D四人。假设A持有35股，B持有30股，C持有25股，D持有10股。

假设一个议案，需要股东以过半数的多数表决通过（不考虑弃权、无效票等情况）。

在这种情况下，股东D，因为只有10股，不能靠自己的力量形成过半数派。

事实上，A、B、C在D加入之前，都没有达到过半数，A、B、C在D加入之后也都没有达到过半数。

因此，可以说，股东D无论是赞成还是反对，都不会对议案的成败产生任何影响，可以说在表决中没有影响力。

那么，股东C呢?

股东C，持有股数为25股，在四人中，排名第三。与股东A合作则为60股，与B合作则为55股，均超过半数。

也就是说，因为可以形成过半数派，所以股东C与股东A、B具有同样的影响力。

为了描述这种情况，“博弈论”中有一个指标用来推测表决中的影响力，它叫“夏普利－舒比克权力指数”，作为推测议会等投票力的指标而被大家熟知。

计算方法有点复杂，就不多说了。

用这个指数推测，如图23-1所示，股东A、B、C，各有33.3%的影响力。股东D的影响力为0。

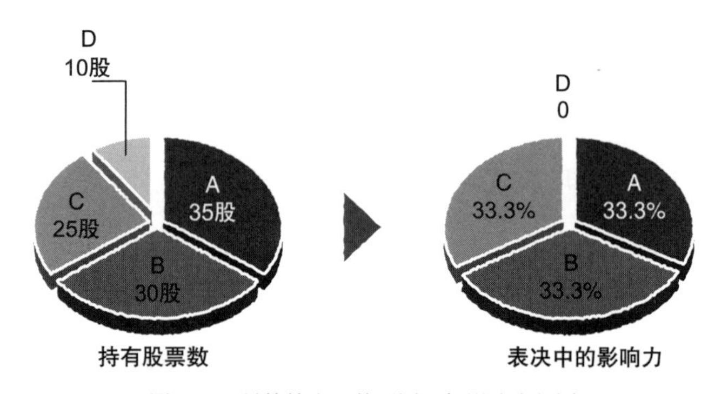

图23-1　尽管持有股数不同，但影响力相同

因此，尽管在持股数量上，A 35股、B 30股、C 25股存在差异，但三者在表决中的影响力指数相同。也就是说，“持有的股份越多，在表决中的影响力就越大”

的猜测是不成立的。

那么，假设股东 C（25 股）向 A（35 股）转让了 5 股。

持有的股份数量变为 A 40 股、B 30 股、C 20 股和 D 10 股。

在这里，用“夏普利－舒比克权力指数”来计算他们在表决中的影响力，A 为 41.7%，B 和 C 各为 25%，D 为 8.3%（见图 23-2）。

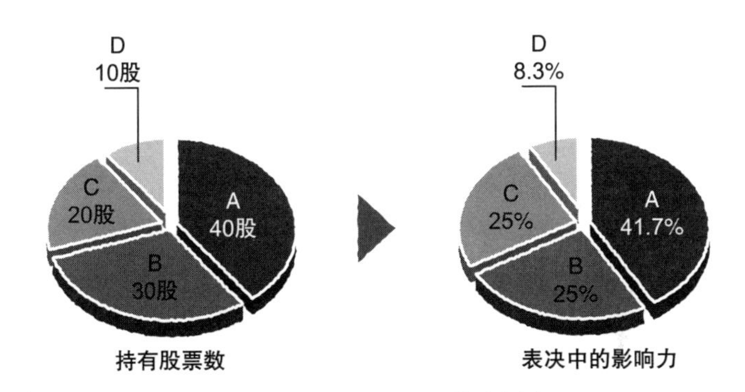

图 23-2 相差 10 股，影响力依然相同？！

有趣的是，尽管 B 和 C 持股数量相差 10 股，但二者在表决中的影响力相同，均为 25%。

同样，“持有的股数越多，对表决的影响力就越大”的想法是不成立的。

顺便说一句，影响力发生变化的除了与股份转让有关的 A 和 C，还有与转让无关的 B 和 D。

从这件事中可以看出，即使是很多人都接受的想法，也不能毫不怀疑地加以接受。

表决中的影响力问题不仅仅存在于股东大会上。

街道居民的聚会，孩子们就读的小学、中学的班级会等，很多通过表决决定的日常场合都是如此。

在这种情况下，除了每个议案的支持者人数，可能还需要考虑夏普利－舒比克权力指数等表示决议中影响力的数据。因为某个议案即使是少数派，也可能拥有超过其所占人数比例的影响力。

在武道中，有“以小制大”的说法。

意思是，即使是身材矮小的人，只要积极锻炼，也能打败身材高大的人。

在表决中的影响力，即使不能“制大”，但“与大相当”也是可以的。

在因为“少数势力不行”“比不上多数的力量”而想要放弃之前，重要的是抱着“再增加几票，影响力就能增加百分之几”的积极态度。

第 4 章

某种风险是接受还是规避——简单思考的能力

简单思考，问题自然得以解决

简单是终极的精致。

这是名画《蒙娜丽莎》的作者达·芬奇的名言。

把多余的东西去掉，“只留本质”，这才是精致至极，是这个意思吗？虽然名言很难被过于简单地解读……

当下的世界是人、物、钱相互连接的便利时代，而我们的生活出现了人口增加、贫富差距、地区纷争、贸易摩擦、环境破坏等各种各样的问题。

世界确实可以说是“正在复杂化”。

正因为世界正在复杂化，所以我们需要“简单思考的力量”。

简单思考的力量是指从混乱的状态中抽出重要的要素，简单地解决问题的力量。

那么对于“简单思考”，我们该如何理解？

统计思维需要注意“聚焦于重要的信息”。

为此，整理信息提取重要的内容。让我们以具体的例子来看看。

设想一下很多业务一起到来的情景。上司的资料修改指示、客户的报价提示要求、同事的数值确认要求、总务负责人的经费结算要求，全部任务是不可能同时完成的。这在商务活动中是很常见的情景。大家处于这种状况中会怎么办？

“重要且紧急的工作，放置不管的话很可能出现问题”，运用这样的工作推进原则，决定工作的优先顺序。但是，要选出重要且紧急的工作并不容易。

这时，可以考虑刚才的原则，“放任不管也不太可能成为问题的业务，是重要性或者紧急性很低的工作”（数学上称为对偶）。重要性、紧急性中任意一个较低的业务很容易被剔除。这样最后剩下的业务就是重要且紧急的工作，必须马上行动起来。

本章介绍 6 个以统计思维为基础的简单思考的秘诀。

设定保费的适当区间是什么

设置留白后，可以灵活应对

简单思考，需要适度马虎的态度。

这样的话，可能给人留下不认真的印象。

但是，任何事物，如果都精密组装、完美运行的话，需要很长的时间和很多的劳力。而且，一旦情况和环境发生细微变化，为了做出应对，有时就需要进行细致的修正。

相反，在很多情况下，最好牢牢把握要害，其他部分大致组装好即可。在这里，以人寿保险的保费设定为例。

保险是通过集体来降低投保者的风险而设立的。

万一支撑家庭生活的人去世，遗属为了继续生活，通常需要几千万日元，而准备这么多钱并不容易。

另外，在准备以防万一的钱的时候，可能发生“万一”的情况。因此，需要通过人寿保险——加入者互相帮助的协议来降低这种风险。

人寿保险的问题是，集团内各加入者存在的风险不同。

一般来说，性别和年龄不同，一年的死亡率就会不同。同样是男性，30 岁和 50 岁的死亡率相差 4 倍。

另外，即使在同样的年龄，男性和女性的死亡率也会相差 1 倍左右。

也就是说，30 岁男性和 50 岁男性的风险不同。

如果无视死亡率的差异，保费全部相同的话，会怎么样呢？

就变成了这样一种状况，由不容易出意外的 30 岁男性负担 50 岁男性的保费。同样地，由不容易发生万一的女性负担容易出现意外状况的男性的保费。

这样的话，保费的负担会变得不公平。

那么，怎么办呢？

保费会根据性别、年龄进行设定。这样，保费负担的不公平暂时消除了。

但是，同样是 30 岁男性，可能有至今为止因病住过几次院的人和完全没有住过院的健康的人。把这两类人的保费设定成一样的话，还是不公平的。

因此，为了在保费中反映两人的不同，会区分设置优良体和普通体的保费费率。

继续往下看。即使是30岁的两名健康男性，饮食生活也可能有差异。一方面，A先生每天在固定的时间吃三餐，饮食健康，注意营养平衡、定量饮食。

另一方面，B先生有时不吃早饭，饮食时间不固定，吃的净是高热量、高脂质的东西，饮食生活不规律。

对于这两个人，保费应该不同吗?

如果要彻底确保公平性的话，因为这两个人的饮食生活是有差异的，所以认为发生意外事态的风险也不同，因而得出应该负担不同保费的结论。

但是，事情并没那么简单。如果以某一天为界，这两个人的饮食生活发生了很大的变化呢?

A先生担心工作做得不好，从那之后，健康的饮食生活可能变得令人难以置信，净吃一些高热量的垃圾食品。

而B先生认真地接受了体检时医生的提醒，可能开始每天吃三顿饭，开始热量和营养平衡的健康饮食生活。

本来在保费中反映风险这件事就是有限度的。

除了饮食生活以外，每个投保对象还会有兴趣、居住地、职业、性格、收入、持有资产等方面的不同。很难想象这些要素都是一样的吧。

如果想逐一在保费中反映这些差异，需要数百种、数千种费率区分，那是不现实的。

这样看来，在保费中应该在多大程度上反映哪些要素，可以说是一个十分有难度的问题。

近年来，整个社会对预防医疗和健康促进政策的关注度正在提高。

许多自治团体和企业开始注意饮食、运动和睡眠等，发起相关活动，促进健康生活，延长健康寿命。

与此相对应，人寿保险公司也开始行动起来。它们将体检结果和日常步行等运动内容反映在保费里。

但在这里需要冷静地考虑一下。体检结果和运动强度反映的只是现在的状态，每个人为了健康采取的方法不同，而且将来也可能发生变化。

如果是一年保障等短期保险，在更新保险时，重新设定保费的话，容易根据变化对保费做出相关调整。但是，在保险期限为终身的长期保险中，有必要好好考虑在将来状态发生变化时，如何将其反映在保费中。

在长期保险中，关于暂时性的健康状况差异等并不特意反映在保费中，而是将其作为“游戏”留下来。

这种游戏的想法不仅仅存在于保费的设定中。

重要的是在牢牢把握关键内容的基础上，把其他部分当作游戏，适当留有余地。这样，在环境和状况发生变化时，就能够实现灵活应对。

在强化简单思考的能力时，有必要明确把哪里作为关键点牢牢控制住，在哪里马虎，也就是将其当作游戏。

因此，建议大家平时多锻炼自己的观察力，明确什么难以变化，什么经常变化。

在外走路的时候，看看路边开着什么样的花。

在便利店买东西和去常去的店里吃饭时，有意识地观察的话，你也许会发现昨天和今天的各种差异。

以身边的东西为对象，试着锻炼一下自己的观察力吧。

“二年生症候群”为何不可避免

用“均值回归”来质疑常识

铁路事故、食品店食物中毒事件……对于事故和意外事件，查明原因是必不可少的。

因为只要不知道原因，就不能解决事故和意外事件，也不能防患于未然。

那么，假设调查原因后发现“事故、意外事件和其他事物之间存在某种因果关系”。

这时，怀疑因果关系也很重要。因为，可能存在更简单的答案。

任何人，如果发现了用常识解释不明白的事情，或者闻所未闻的事情，多少都会有些兴趣。

例如，“看到了 UFO”在很久以前就经常成为热门话题。

有时制作电视专题节目，作为证据影像会播放圆盘形物体在空中飞行的画面。

看到逼真的影像后更令人好奇。

有过这种经历的人会想："这种奇怪的事情不会发生好多次，一定不会持续很久。"

确实，很少听说有人连续多次中彩票的一等奖，日本的城市连续 3 个多月不下雨。

均值回归

如果发生了某件特别的事情，人往往倾向于认为"一定会发生抵消这种情况的相反的事情"。

这在行为经济学中被称为"均值回归"。

在体育界，我们经常听到"二年生症候群"这个词。

比如说，在棒球比赛中大显身手的新人选手，到了第二年，就不能取得第一年那样的好成绩。

其他队研究那个选手并采取了对策，或者是那个选手骄傲疏忽了练习……可以有各种各样的理由。

但是，如果考虑到均值回归的话，也许反而会觉得这是很自然的事情。

第一年大显身手是很少有的，因此到了第二年稳定在平均成绩是理所当然的。

在运用均值回归考虑因果关系时，有需要注意的地方。

第一种是低估了均值回归的情况。

假设某人感冒后量了一下体温，发现高烧，于是吃了感冒药。之后，过了一段时间体温下降了，我们习惯性地认为这是因为吃的感冒药起作用了（见图25-1）。

实际上有可能是测量体温时正是感冒最严重的时间段，即使没有吃感冒药，之后体温也会自然下降。

不过人们一般不会这样想。

第二种是高估了均值回归的情况。

扔了三次硬币，三次都是正面。这个时候，第四次会是正面还是反面呢？

“差不多该是反面了”，有这种想法就是陷入了均值回归。

硬币正面朝上和反面朝上的概率应该是各占一半，第四次反面朝上的概率也应该是50%。

第三种是因认为发生的事件有复杂的因果关系，而忽视了均值回归的情况。

美国有名的体育杂志有这样一个奇闻，说上了封面的选手之后会陷入低迷，而且实际的统计结果证实了这一点。

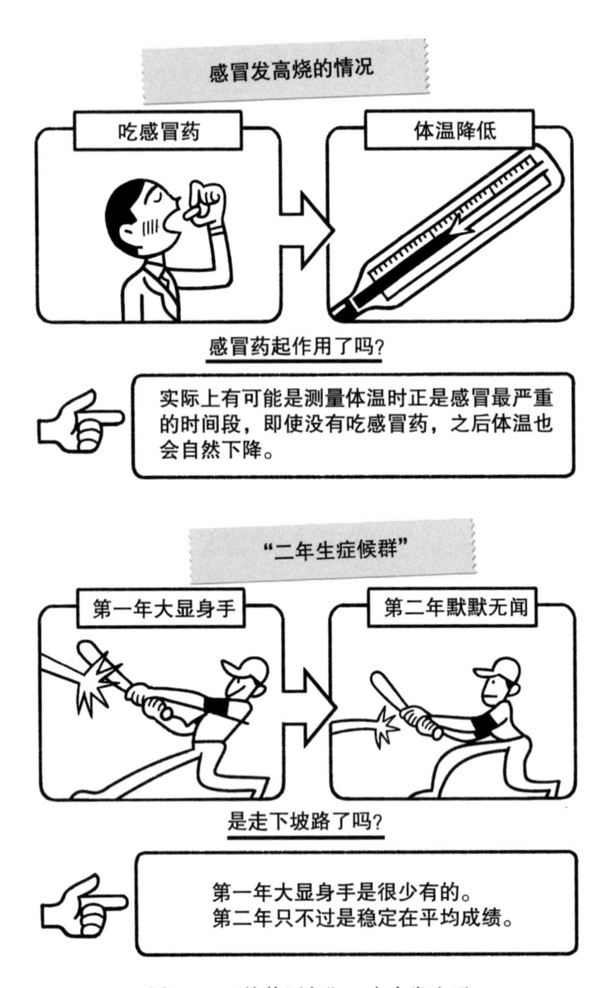

图 25-1 “均值回归”一定会发生吗

即使找了各种理由来进行说明，也很难令人信服。二者本来就没有因果关系，可能只是选手上杂志封面的时候处于巅峰时期，之后陷入了一些不顺。

当某件事发生的时候，那是由什么因果关系引起的吗？

还是出现了均值回归现象？

好像这有必要冷静地用自己的头脑思考一下。

而且，当因果关系被提到时，怀疑一下这个因果关系，尝试更简单的思考方式，借此可以强化洞察本质的能力。

平时就养成习惯，思考一下某件事是否有更简单的答案吧。

感染流感和不感染流感的情况

简单思考复杂事物的方法

复杂的事物，如果“建模”就容易理解了。

模型化是指从复杂的事物中提取重要的信息，进行简化。

如果能很好地模型化，就能简单地理解事物，加深理解。同时，也可以很好地向别人解释。

以“传染病扩散的模型化”为例，我们具体来看一下。

在很久以前，人类就饱受传染病的折磨。现代公共卫生水平提高，疫苗接种不断普及，但还是出现了很多传染病。

流感是每年在全球范围内蔓延的传染病。在日本从秋天到冬天的过渡阶段，流感的感染者有增加的倾向。

流行病学研究者正在研究关于传染病的数理模型。其中展示了几种定量分析传染病的方法。让我们看看其中使用的概念术语。

首先，有一个术语叫“基本传染数”。符号是 R_0，英语是“ R naught”。表示感染某个传染病的人进入完全没有免疫该传染病的群体时，直接感染的平均人数。

如果 R_0 大于 1，感染就会扩大。如果小于 1，感染最终会停止。正好是 1 的话，不扩大也不停止，就像地方病一样扎根于感染地区。

过去发生的传染病的 R_0 值是多少呢？医疗和公共卫生关系的研究机构进行了各种各样的分析。

据美国疾病预防控制中心介绍，麻疹的 R_0 为 12 ～ 18、天花和小儿麻痹症的 R_0 为 5 ～ 7、腮腺炎的 R_0 为 4 ～ 7 等。

在另一项研究中，也有报告称，1918 年发生的全球流行的西班牙感冒（流感），R_0 为 2 ～ 3。

有一点必须注意。那就是，R_0 因传染病发生的时代背景、社会、国家及病原体等情况而异。

实际情况中，如何计算 R_0 呢？

关于作为分析对象的传染病，已知通过测定和推测求出了“1 次接触的感染概率”“每单位时间接触的次数”“传染病保持感染性的平均时间”这 3 个要素的值，将其相乘进行计算。关于各要素的测量和推测方法目前正在进行各种各样的研究。

“集体免疫”对预防传染病的蔓延非常重要。如果集团内具有相应免疫能力的人很多，就要利用传染病变得不容易流行这一点来防止感染扩散。

具体方式是预防接种等。

假设某个集团正在预防 R_0 为 3 的新感染症。在这个群体中，还没有人得过这种新的传染病。

假设从外部感染传染病的人进入了这个群体。1 个感染者，会导致平均 3 个人直接感染。

如果这个群体有 1/3 的人免疫，平均感染人数可以控制在 2 人。

如果 2/3 的人免疫，平均感染人数可以控制在 1 人。

如果超过 2/3 的人免疫，平均感染人数控制在不到 1 人，那么这种传染病迟早会平息。

这是利用传染病扩散模型化设计的集体免疫方案。

根据传染病的 R_0 大小，如果将集团内的免疫人数的比例提高到比（R_0-1）/ R_0 更高的水平，集体免疫就会起作用，传染病的扩散就会趋向收敛。

通过对传染病的扩散进行模型化，可以计算出集体免疫发挥作用所需的免疫人数的比例。

实际上，虽然接种了疫苗，但并不是所有人都能获得免疫。

假设即使10人接种疫苗，也只有5人能获得免疫。在这种情况下，为了让免疫者达到必要的数量，需要让两倍数量的人接种疫苗。

以上R_0和集体免疫等想法是传染病数理模型的最基本部分。

怎么样？

你会发现，通过模型化可以简单地考虑和理解问题，还可以改变观点来看待问题，模型化是一个很有用的方法吧！

口罩到底要戴几层才让人放心

保持公正态度的方法

简单地考虑复杂的事物是非常重要的。

如果让复杂的事物保持复杂，那么不管怎么想都想不出解决办法。

正是因为让事物简单易懂，所以问题点才能被看得很清楚，我们才能想出解决办法。

只是，有一件事要注意。

那就是对事物的看法和想法不要产生偏颇。

人类是有感情的生物。不知不觉就会带有成见甚至偏见。

在简化事物的时候，必须剥离感情，保持公正的态度。

我想大家有经验，要保持公正，是出乎意料的艰难的。

所以呢？为了保持公正，各行各业都设计了各种制度和规则。

下面以医药品的临床试验为例来看。

在医药品的开发过程中，会进行临床试验，让患者使用候补药。

在临床试验中，为了确认候补药的效力和副作用等，会将患者分为候补药的给药对象与没有效力和副作用的对照药（安慰剂）的给药对象两个组，进行比较。这是为了排除用药后心理方面带来的对医疗效果的干扰。

给药时，患者无法根据形状、味道、气味等微妙的差异，确定是候补药还是安慰剂。

当然，作为给药对象的患者，也不知道给自己的是候补药还是安慰剂。

这样的操作被称为“遮蔽化”或“屏蔽化”等。

那么，只屏蔽患者就足够了吗？

对于医生，什么措施都没有吗？

假设医生知道打算给某个患者用的药是候补药还是安慰剂。医生也是人，在给药的时候，医生的表情和动作可能出现让患者了解内情的提示。

另外，在诊察患者的时候，医生可能抱有成见，认为“这个患者是被给了安慰剂的，所以病情应该不会改变”。

这样的成见，有可能给诊察的结果带来某种影响。因此，不仅仅是患者，医生等医疗相关人员也有必要被预先屏蔽。

也就是说，医生等医疗相关人员知道给了某个患者药剂 a、b 中的 a，但不知道 a 是候补药还是安慰剂。这被称为“双重屏蔽化”。

不过，认为这样能顺利进行临床试验的话，还会出现以下问题。

那就是评价者的问题，评价者需要分析从医生那里收集的给药信息和给药后的诊断信息。

评价者也是人。如果事先知道给的药剂是候补药还是安慰剂，再阅读医生的诊断结果的话，可能影响评价的内容。

即使是同样的诊断内容，评价也有可能出现偏倚，认为在使用候补药的情况下，病情好转，在使用安慰剂的情况下，病情没有好转。

因此，评价者也不能知道评价对象被给的是候补药还是安慰剂。这被称为“三重屏蔽化”。

这还没完，有另一个问题。

这次是总结临床试验结果的数据分析者。分析人员需要公正地分析数据。不过，分析人员也是人。如果他事先知道分析对象被给的是候补药还是安慰剂，在分析细节时可能出现差异，如数据的修正和异常值（参照第 35 课的离群值）的删除。

另外，甚至会出现极端的例子。分析者为了故意显示候补药的有效性，使分析结果有统计上的意义，有可能出现篡改数据等行为。

因此，数据的分析者，也不知道分析对象被给了候补药还是安慰剂。这被称为“四重屏蔽化”。

这样，患者、医生等医疗相关人员、评价人员、分析人员，陆续被屏蔽，终于公正地进行了候补药的临床试验。

即便如此，这样的多重屏蔽化不也是象征性地表现了对人的怀疑没有界限吗？（不过，在一般的临床试验中，进行双重屏蔽化似乎就可以了。）

从这里开始，请将之后的内容看成笔者虚构的故事继续阅读。即使进行了四重屏蔽化，从分析人员那里得到分析结果报告的上司也有成见，可能曲解报告的内容。那么，分析人员的上司也要被屏蔽。

而且，分析人员的上司向医药品制造商的董事和经营高层报告临床试验结果时，接受报告的一方也可能有成见。那么，他们也要被屏蔽……

为了阻止这种没有止境的多重屏蔽，我认为只能依靠人类本来应该有的公正和诚实。

不仅仅是医药品的临床试验，无论什么样的事物，在保持公正的同时还要简化事物，并不简单。

但是，如果对于制度不那么严谨的话，在简化的事物中就会掺杂个人对事物的理解以及有偏倚的想法。

为了保持公正，在优化制度规则的同时，需要确保人类本来的诚实与公正，因而有必要致力于提高人类的伦理道德。

第28课

怎样才能恰当地分组

熟练运用随机因素的诀窍

简化事物的力量，需要恰当分组的能力。

假设有 6 个苹果，分给 3 个孩子。每人分 2 个就公平了，没问题。但是，如果按照 3 个、2 个、1 个等去分给他们的话，也不能说是不公平、不恰当的。

如果这 6 个苹果中红色的和黄色的各有 3 个呢？如果把红色和黄色的苹果各给每个孩子 1 个的话，颜色的种类也就恰当区分了。

像这样，恰当区分中的“恰当”包含各种意思。

如果想随机将一些人分成几组，要求各组中的要素数量均等，可以说是合理的吧？

让我们以开发医药品时临床试验中患者的分组为例，来看看吧。

前面谈了安慰剂用药的事情，这里也把患者分成两组，比较各自的效用。

为了恰当分组，有必要随机决定给哪个患者服用候补药，给哪个患者服用安慰剂。

介绍一个随机决定的方法，例如，让每个患者掷硬币，正面朝上就给候补药，反面朝上就给安慰剂。

这是通过掷硬币，引入随机要素的方法。

使用这种方法时，在患者数量较多的情况下，服用候补药的患者和服用安慰剂的患者的数量几乎相同。如果患者人数多的话就能顺利进行。

问题是患者人数为 12 等人数少的情况。

假设用掷硬币的方式，给正面朝上的患者候补药。如果碰巧正面朝上只出现了 4 次，给候补药的患者就只有 4 人。这样就不能恰当分组了。无论如何，候补药和安慰剂都要分别给 6 名患者服用，确保两组人数相同。

随机分组

因此，可以考虑的方法是“随机分组”。

也就是依次呼叫两个患者，以两名患者为一对（称为小组）掷硬币。

如果正面朝上的话，第一个进来的人服用候补药，第二个进来的人服用安慰剂。

如果反面朝上的话，第一个进来的人服用安慰剂，第二个进来的人服用候补药。

这样，既可以保持决定的随机性，又可以使候补药和安慰剂使用数量相等。

这样，似乎万事大吉了，但很可能产生一个问题。

因为在那一对患者中，如果不小心知道了有一方服用的是候补药，就会自动知道另一方服用的是安慰剂。

这种情况希望能够避免。

因此，可以考虑将一个组的人数增加到 4 人，而不是 2 人。这样依次呼叫 4 名患者，决定 4 人是服用候补药还是安慰剂。

可以考虑用掷骰子来决定。

出现 1 点的话，给第一个和第二个进来的患者开候补药，给剩下两个人开安慰剂。

以下同样，出现 2 点的话，给第一个和第三个患者开候补药。出现 3 点的话，给第一个和第四个患者开候补药。出现 4 点的话，给第二个和第三个患者开候补药。出现 5 点的话，给第二个和第四个患者开候补药。

出现 6 点的话，给第三个和第四个患者开候补药，给其他人开安慰剂（见图 28-1）。

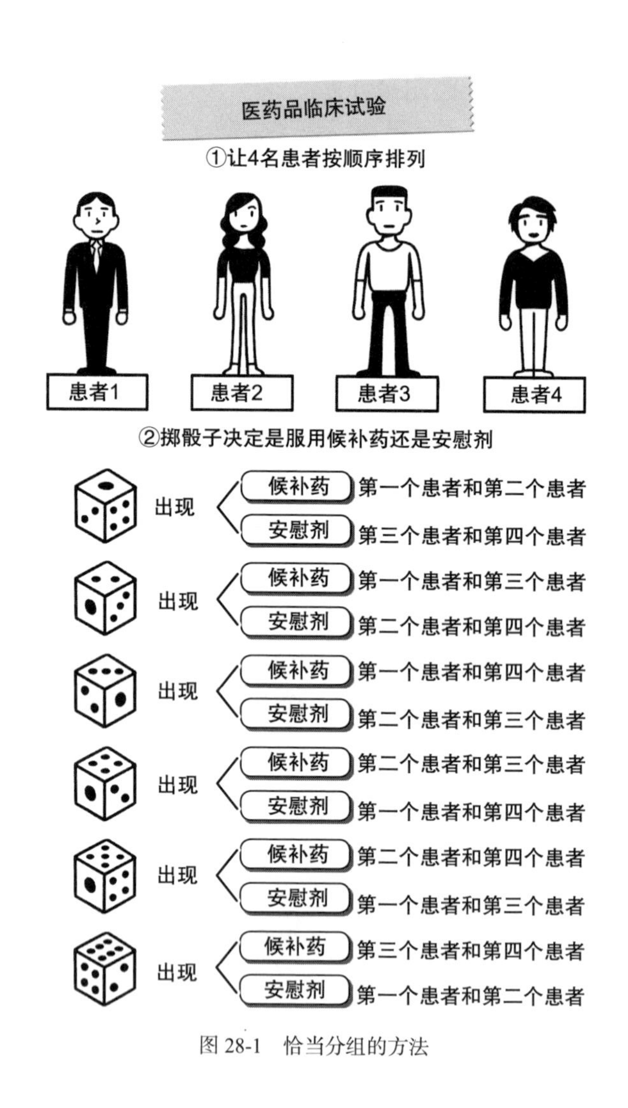

图 28-1　恰当分组的方法

这样，在 1 个组中，给 2 个人候补药，给 2 个人安慰剂，并且，即使知道了某个患者的用药情况，剩下的 3 个人也不知道给自己的是什么药。

一个组的人数可以增加到 6 个人、8 个人，再继续增加，这样，即使知道某个患者服用的是候补药还是安慰剂，也可以增加其他患者的不确定性。

不过，6 个人的话有 20 种结果。8 个人的话，为了均等地得出 70 种结果，需要很好地使用掷硬币、掷骰子、抽扑克牌等方法，这样看起来很麻烦。

患者的数量正好是小组数的倍数时可以顺利进行，但实际上不一定。如果患者一共有 14 人，一个组定为 4 人，那么在将患者分成 3 组后，会多出 2 人。

因此，可以考虑设置 2 个 4 人组和 1 个 6 人组等人数不同的组合。

另外，也可以考虑让患者不知道小组本身的大小。不是按照小组人数把患者一起叫进来，而是一个人一个人地叫进来，在决定给候补药还是安慰剂的时候，一起设定小组（不通知患者）。

患者不知道自己在几人组。因此，即使知道给其他患者的是候补药还是安慰剂，也不知道给自己的是什么。

这样看的话，也许你会想，为了临床试验的随机分组，有必要那么费心吗？

但是，对患者来说，在临床试验中是否使用了候补药，是非常值得关心的事情（请设想自己参加那个临床试验的情况）。

可以说病情越严重的患者，对候补药的期待越大。

如果知道自己服用的是候补药还是安慰剂，心理上的医疗效果会很大。

为了从临床试验的结果中，排除心理上的医疗效果，有必要通过随机分组进行恰当分组。

熟练地引入随机要素，有助于恰当分组。而且，通过这样的分组，可以简单地探讨、研究事物。

如何正确认识生存率与死亡率

灵活应对时代的变化

第29课

在提高简化事物的能力方面，整理信息的方法很重要。

整理一下信息，就能看到整体情况如何，自己现在处于什么状态。

即使只能得到零碎的信息，也可以通过整理使其成为研究素材。以流行病学进行的生存分析为基础，来看看具体情况。

“生存分析”这个词不经常听到。这一分析方法用于调查不同栖息环境下生物的寿命差异，或者用于测量某医药品的有效性，调查给药后患者的生存状况。

在生存分析中，图的横轴表示时间，纵轴表示生存率。由此，可以捕捉作为分析对象的生物和患者的生存状况随着时间发生的变化。

生存分析，用于管理每个个体调查开始时和死亡时的数据。这里的问题是，会出现死亡前就终止接受调查的个体，原因如下。

①调查对象消失了。

如果是动物的话，可能从笼子里逃走，无法继续对其进行调查。如果是患者的话，由于移居等不能去经常去的医院，也可能导致无法继续对其进行调查等。

②调查对象没有全部死亡，但调查期已结束。

通常，调查期有限。调查期间所有个体并没有全部死亡。在调查结束时，可能留下存活的个体。

③调查对象死于与调查无关的原因。

比如，以癌症患者为对象调查服用抗癌剂后的生存状况，但发现有患者因与癌症无关的急性心肌梗死而死亡。

④有时需要中止调查。

和③中的例子一样，以癌症患者为对象调查抗癌剂用药后的生存状况时，发现出现了明显的副作用，需要中止用药，这也会导致调查的中止。

在生存分析中应该如何处理这样的中止呢？

关于这个问题的处理，生命保险数理法和卡普兰·迈耶法这两种方法很有名。

根据生命保险数理法，在调查期间出现个体中途停止接受调查时，将接受调查的时间超过原定调查时间一半的数据计算在内，其他的不算在调查之内。在此基础上，计算各期间的死亡率。

根据卡普兰·迈耶法，每当发生死亡时，计算到那时为止的死亡率。死亡前发生的中止不算在调查之内。此方法中，死亡率的基础期间不一定是1年等一定期间，因此死亡率被称为“×个月后的瞬间死亡率”等。

我们来看看这两种方法在具体例子中的运用。

假设对某医院的5名患者进行了为期2年的调查。

患者A、C分别在调查开始9个月后、22个月后死亡。D在14个月后转院终止了调查。患者B、E活到2年后的调查结束时。

用横线箭头表示各患者的状况，如图29-1所示。

根据生命保险数理法，第一年的死亡率是0.2（等于1/5），因为5人中有1人（患者A）死亡。第二年的死亡率是0.286（约等于2/7），因为在年初生存的4人中，患者D在调查期内离开，所以被视为3.5人，其中1人（患者C）死亡。

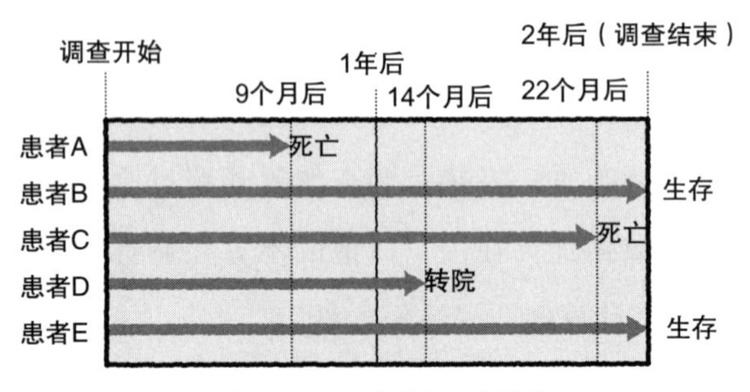

图 29-1　5 名患者的调查结果

根据卡普兰·迈耶法，9 个月后的瞬间死亡率是 0.2（等于 1/5），因为 5 人中有 1 人死亡。22 个月后的瞬间死亡率是 0.333（约等于 1/3），因为除了没到截止时间的 1 人，3 人中有 1 人死亡。

接下来，以死亡率和瞬间死亡率为基础，用图（见图 29-2）表示随着时间的推移累积生存率的推移。

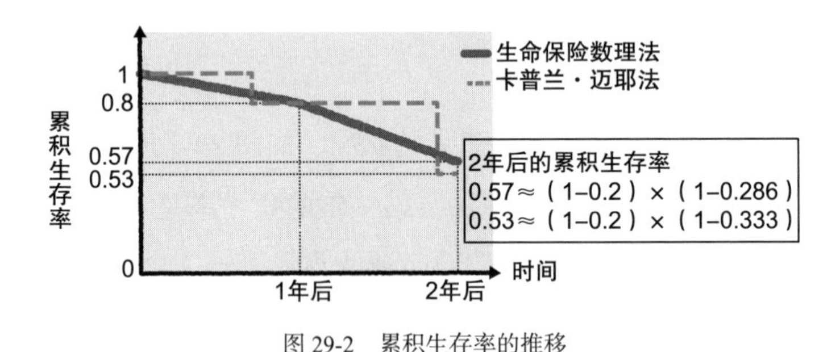

图 29-2　累积生存率的推移

这两种方法的分析结果没有太大区别。但是，对于线的形状，生命保险数理法是倾斜的线，而卡普兰·迈耶法是阶梯状的线，给人留下相当不同的印象（另外，如果调查对象的规模较大，则卡普兰·迈耶法的各段段差变小，整体接近曲线的形状）。

让我们比较一下两种方法。一方面，在计算精度方面，可以大致地说，死亡时计算瞬间死亡率的卡普兰·迈耶法的精度更高。

另一方面，从计算的困难程度来看，生命保险数理法采用的为期间数，卡普兰·迈耶法采用的为死亡个体数。如果调查对象是以万为单位的话，卡普兰·迈耶法的计算次数会增加，计算会很麻烦。

过去，电脑计算系统尚未完善，在调查对象为50个以上个体的情况下，会使用生命保险数理法，不足的情况下会使用卡普兰·迈耶法等。现在电脑系统功能提升了，不论调查对象的规模如何，卡普兰·迈耶法都可以使用，因此通常推荐这种方法。

像中止处理这样的计算，随着系统的发展，适用性会发生变化。即使是以前被认为妥当的方法，也应该根据信息处理技术的发展重新审视。这不仅仅是流行病学的故事。

在提高简单思考事物的能力方面，随着技术的发展变化，重新审视整理信息的方法很重要。

即使是计算，也发生了用笔计算→用算盘计算→用计算器计算→用电脑的表格、软件计算等变化。

所以应该在充分掌握可利用系统的性能的基础上，好好研究整理信息的方法，再做出决定。

第5章

某个结果是合理还是不合理——灵活思考的能力

稍微改变一下看法，头脑就会变得灵活

我们倾向于固守之前有过的想法。

即使脑子里很清楚，但如果被别人指出，就会变得固执己见。

有一个众所周知的实验：为受试者同时准备昂贵的药和廉价的药，询问他们觉得哪种是有效的药。结果，很多受试者回答“昂贵的药效果更好”，实际上两种药的成分完全一样。

上述例子表明，“昂贵的药一定效果更好”这种成见很容易使人的感觉失常。

任何人都可能带有成见和固有观念。

正因为如此，我认为我们需要“灵活思考的力量”。

灵活思考的力量是“应对变化的力量”。不要轻易停留于现状，要配合环境的变化，改变对事物的看法和想法。

具体来说，“试着从与平时不同的角度分析信息”。

这样就能看到迄今为止没有看到的东西了。

例如，假设你在销售会议上看到了某种商品的销售业绩。

在现有的资料中，是以卖家的角度总结销售数据，如“7 月 A 分店的销售件数为 60 000 件”等。换用买方的角度来看的话，会变成“7 月 40 ～ 50 岁年龄段的平均购买次数是 10 次”等。

这样的话，“为什么 40 ～ 50 岁年龄段的平均购买次数比上个月增加了”“为什么 40 ～ 50 岁年龄段的平均购买次数比其他年龄段多”，诸如此类的疑问会在参会者之间涌现，讨论应该也会更加活跃。今后销售战略的制定就很容易了。“如果得不到必要的信息，事先考虑好怎么办”也很有用。

我们致力于分析得到的信息，没有得到的信息很容易就被放弃了。但实际上，有时没有得到的信息才是重要的。

本章介绍 6 个利用统计思维灵活思考事物的诀窍。

第30课 不安源于何处

躲避未知事情的埃尔斯伯格悖论

任何人或多或少都会心有不安。

如果世上的一切都是预先决定好的，人们知道接下来会发生什么的话，人心应该不会产生不安。

人并不是对将要发生的事情本身感到不安。

那么，人对什么感到不安呢？让我们一起思考一下。

“风险管理”“风险规避”……“风险”一词每天都在报纸、杂志、网络等媒体上频繁出现。

“风险”这个词，感觉好像和不安有点什么关系。

风险到底是什么样的呢？我们就从这里开始说起。

埃尔斯伯格悖论

在这里，介绍一下行为经济学中有名的“埃尔斯伯格悖论”。

假设有 A 和 B 两个壶。

A 壶中分别有 50 枚大小和形状都相同的黑、白棋子。

B 壶中共有 100 枚棋子，有黑、白两种颜色，但不知道每种颜色各有多少（见图 30-1）。

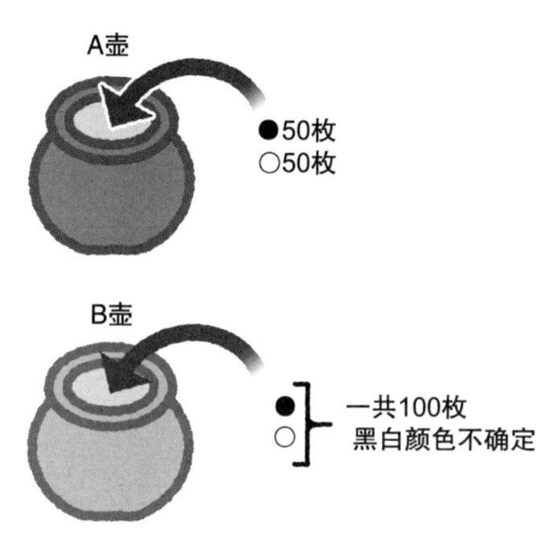

图 30-1　选择哪一个壶

选择其中一个壶，然后闭上眼睛从那个壶中取出一枚棋子，预测棋子的颜色。

如果取出的棋子颜色和预测的一样，就能得到奖金。

如果是你的话，A 和 B，你选哪个壶进行预测？

A 壶里黑子、白子各有 50 枚，所以无论预测哪种颜色，预测正确的概率都是 0.5。

B 壶不知道具体的颜色。

例如“黑子70枚、白子30枚”和“黑子30枚、白子70枚”，两种情况彼此正好相反，且有相同的可能性。

在这里，假设预测取出的棋子是“白色的”。此时，白子为30枚时预测正确的概率为0.3，白子为70枚时该概率为0.7。因此，平均来说，有0.5的概率如预测的那样取出白子。预测“黑子”的时候也一样。

这样，无论选择哪个壶，获得奖金的可能性都是一样的。

但是，感觉上有什么不同吗？

某个实验结果显示，选择A壶的人更多。

各位读者，你们会如何选择呢？

像A壶那样知道棋子的具体内容的话，可以放心地取出棋子，但是像B壶那样不知道具体内容的话，人们会感到不安。与“知道的事情”相比，“未知的事情”更难让人放心，所以人类心理上倾向于“避免不确定的事情”，这就是“埃尔斯伯格悖论”的内容。

其实，“未知的事情”有以下两种。

①知道“事情会以怎样的概率发生”……“风险”

②不知道“事情会以怎样的概率发生”……“真正的不确定性”

真正的不确定性也可以说是对看不到最大伤害或损失的不安。从此，人就会被疑心缠住，变得疑神疑鬼。

这是一位叫弗兰克·奈特的经济学家在近百年前提出的说法。

现在，让我们看一下与刚才的A壶、B壶不同的C壶。

C壶里有黑子和白子，不知道一共有多少枚，也不知道具体的颜色比例（见图30-2）。

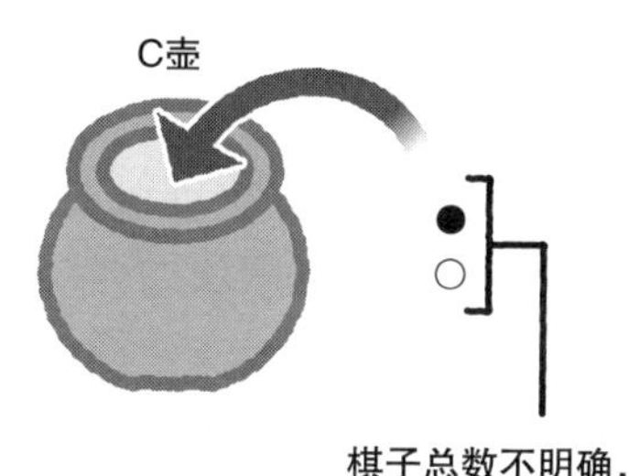

图30-2　加入C壶

从C壶中，如预测的那样取出相应棋子的概率有多大呢？

例如，首先，假设“棋子的总数是100枚”，“黑子70枚、白子30枚”和“黑子30枚、白子70枚”两种情况正好相反，且两者可能性相同。

其次，假设“棋子总数是200枚”，“黑子是140

枚、白子是 60 枚”和“黑子是 60 枚、白子是 140 枚”两种情况正好相反，且两者可能性相同。

这样，不管棋子总数是多少，黑子和白子的比例都有正好相反的情况，两者的可能性也都相同。

也就是说，从计算来看，从 C 壶里取出与预测颜色相同的棋子的概率也是 0.5。

但是，从感觉上来说，“C 壶未知的地方很多，很难选择”不是很正常吗?

由此可知“不安的原因不是风险，而是真正的不确定性”。

如果你有什么不明白的地方，只是一味地害怕它，会增加你的不安。

为了缓解不安，我们有必要明确“什么是未知的”，并采取相应的对策。也就是说，改变对于风险的认识，找出真正“令人不安的原因”是很重要的。

真相存在于手头没有的信息中时

国家进行的人口普查、各媒体公司开展的舆论调查、联合国进行的幸福度调查……

世界上有各种各样的调查。

通过调查收集数据，但不能总是得到想要的信息，反而得来的更多的是不必要的数据。

面对这种情况该怎么办呢？

想一想没能收集到的数据，也不是一种徒劳吧。

因为有时脱离调查的数据会说明真相。

关于这一点，我们一起来看看吧。

选择性偏差的陷阱

关于如何处理未能收集到的数据，有一个著名的故事。

第二次世界大战期间，来自匈牙利的统计学家亚伯拉罕·瓦尔德提出了关于美国海军战斗机的建议。

他在战时隶属于一个被称为统计研究小组的组织。这个小组聚集了全美有能力的数学家和统计学家，他们想利用统计学的知识协助军队。

这个组织类似于利用科学技术推进原子弹开发的“曼哈顿计划”。但是，统计研究小组不是进行武器的开发，而是进行战争的统计分析。

有一次，海军基于从欧洲战线战斗归来的战斗机中弹状况的分析，试图加强被子弹击中多的机体部位的装甲。

对此亚伯拉罕·瓦尔德提出了异议。

“得到的情报只源于即使中弹也总算能返回的战斗机，从那里看不出真相。真正应该加强的是没能返回的战斗机上中弹多的地方，也就是返回的战斗机上中弹少的发动机部分”（见图 31-1）。

他的建议立即被付诸实施。其效果被认可，在之后的朝鲜战争和越南战争中也被接纳。

在考虑未能收集到的数据处理方面，这可以说是一个启蒙。在操作研究领域，“购买选择偏差”也很有名。

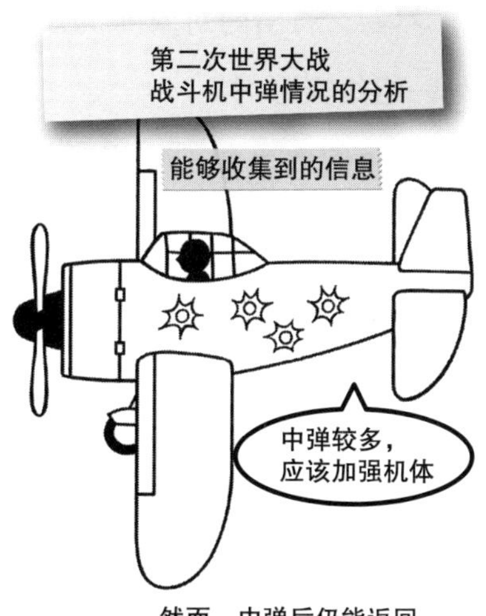

然而，中弹后仍能返回

从这里无法看清真相

更应该分析未能返回的战斗机的情况=强化发动机部位

思考未能收集到的信息非常重要！

图 31-1　注意选择性偏差的陷阱

在医药品开发中，为了看到新候补药的效果会进行临床试验。通常，在临床试验中，给多个患者和健康者服用候补药，在一定期间后获取其效果和副作用相关的数据。

这时，为了比较服用候补药的情况和没服用候补药的情况，准备了形状和味道等与候补药一模一样的对照药（安慰剂）。然后，将给药对象随机分为两个组，一组给候补药，另一组给安慰剂。

在观察一定期间后的效果和副作用时，有需要注意的地方。那就是，在临床试验中会有人停止服用候补药或安慰剂。这发生在如下这些人中。

①由于病情发生变化，不得不停止服用候补药的人。
②为了采用其他治疗方法，不符合临床试验对象标准，停止服用候补药和安慰剂的人。
③因为没有产生候补药和安慰剂的效果，而自愿停止服药的人。

把这些人排除在外，总结临床试验的结果会怎么样呢？从中得到的数据仅限于参加临床试验到最后的患者和健康者。这带来了数据的偏差，也就是“偏见”。

例如，假设由于候补药或安慰剂没有产生效果，自愿停止服用的人被排除在试验数据之外。

于是在剩下的数据中，因为感觉到候补药或者安慰剂的效果出现了所以继续服用的人，会占有较大比例。

服用候补药的人比服用安慰剂的人更容易感受到

药效的情况下，会有点麻烦。

在试验后得到的数据中，除了本来药效的差异，还混入了“感觉候补药更有效”的真实感的差异。

即使在临床试验开始时随机分为两个组，最终得到的数据也不能说是随机的。

那么，怎么办才好呢？

关于这个问题，药学上有一个被称为“意向性治疗分析”（ITT 分析）的方法很有名。

在临床试验期间，即使因某种理由而不符合试验对象要求的人，也被视为继续服用“候补药或安慰剂”，被包含在数据分析的对象中。

在 ITT 分析中，临床试验最初的随机被维持到最后，因此不包含脱离的偏差。

特别是，对于服用安慰剂的人，将其中自愿脱离的人的数据包含在分析对象中。因此，实际上在候补药没有效果的情况下，显示这一情况的临床试验结果的可信度会提高。

但是，实际实施 ITT 分析并不容易。因为有必要逐个追踪调查脱离临床试验的患者和健康者之后表现的症状与副作用。

有些脱离临床试验的人可能已经去世了。

另外，可能有人变更了住址和联系方式，联系不上。

而且，即使联系上了，也不一定能正确地告诉我们脱离后的病情和健康状态的信息。

实际上，我们无法收集所有脱离试验的人的数据。

另外，在ITT分析中，如果脱离的人变多，被视为“继续服用候补药或安慰剂”的预计影响会变大，这也是一个问题。

例如，假设分别给100人服用候补药和安慰剂，开始临床试验，但中途出现大量脱离的人，结束时服用候补药的只有20人，服用安慰剂的只有10人。

在这种情况下，即使以脱离的人（候补药80人，安慰剂90人）为对象分析了数据，是否能够正确地进行候补药的效果和副作用的分析也值得怀疑。

在ITT分析中，保证随机性是理想状态，实施起来却非常困难。

在分析临床试验结果时，需要确认好其中的数据分析是ITT分析得到的结果，还是根据除去脱离对象的“遵循研究方案分析”（PP分析）得到的结果。

以这些故事为提示，希望大家可以在日常生活中培养从没有得到的数据中看清本质的能力。

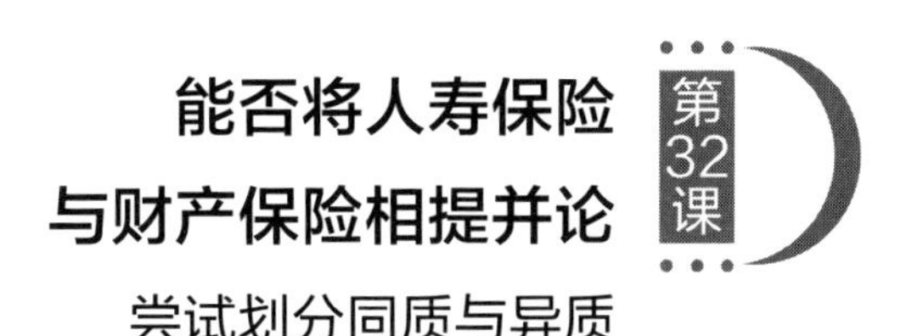

第32课 能否将人寿保险与财产保险相提并论

尝试划分同质与异质

将信息分为“同质信息”“异质信息”来思考很重要。

假设我们要统计一家超市一天的果蔬销量。

这个时候，蔬菜和水果应该一起统计吗？另外，即便都是蔬菜，种类也各不相同，萝卜和胡萝卜应该一起统计吗……

是将某些信息看作同一性质的信息一起处理，还是区分为不同性质的信息来处理？选用不同的处理方法，得到的调查结果可能不同。我们来具体看一下。

医疗可以看作服务业的一种。通常，服务业根据设施、设备、工作人员等的配备，决定可以提供的服务的量。

在从经济角度分析医疗时，必须理解这些制约条件。

经济学理论认为，随着生产规模的扩大，每单位产品与服务的平均费用下降的“规模经济性”成立。

在医疗方面，如果想从实际数据中确认规模经济性是否成立，有时会发生奇怪的事情。

看看图 32-1。以医疗机构的患者数为横轴，以其平均费用为纵轴，绘制各医疗机构的数据。

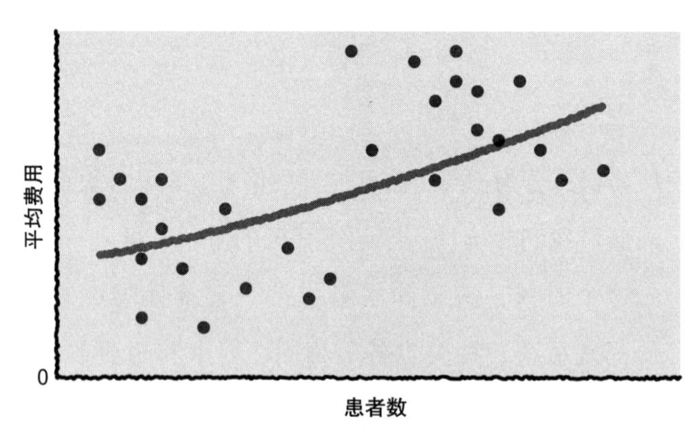

图 32-1　患者数和平均费用的关系

注：笔者制作，数据是笔者假定的数据，非实际数据，下同。

根据数据在图 32-1 上画近似曲线，推定平均费用曲线，就形成了缓慢上升的曲线。

这表明“患者增加的话，医疗机构的平均费用会增加”，也就是说，呈与规模经济性相反的趋势。

规模经济性在医疗行业不起作用吗?

实际上，这个平均费用估算曲线存在猫腻。

关于医疗机构，大医院、小医院和诊所都同样放在了一个图中表示，没有考虑各医疗机构的主要差异。

虽说都是医疗机构，但是其中有病床数超过 1000 张的大医院，也有只有 30 张病床左右的小医院，还有只有不到 20 张病床和没有病床的专门诊所，各种各样。

从专业医生使用特定的医疗器械和医药品的高级医疗，到临诊医生的初级护理，医疗内容也有很大差异。

考虑到这些差异，你会发现将大医院和小医院、诊所并列讨论没有什么意义。

将医疗机构分组，针对各组画近似曲线，推定平均费用曲线，得到的曲线如图 32-2 所示。

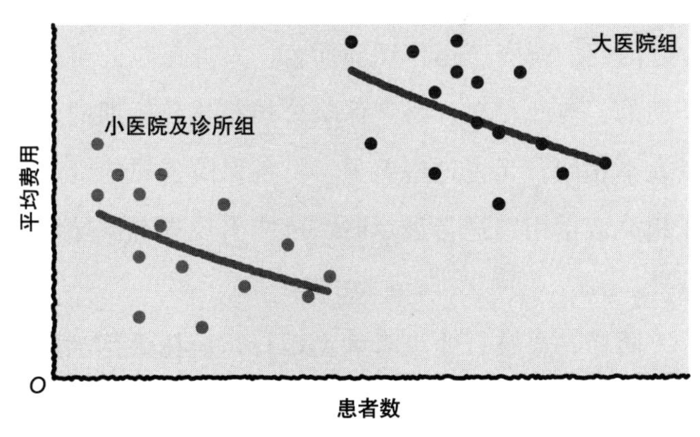

图 32-2　将医院分组之后

大医院组与小医院及诊所组分别画出了逐渐下降的平均费用曲线。也就是说，在组内，可以确认规模经济性成立。

随着医疗机构中患者数量的增加，提供的医疗服务的内容将大不相同。基于这种差异，有必要对医疗机构先进行分组，然后再进行数据分析。

虽然乍一看有些相似，但实际上在提供不同产品和服务的产业中，有时也会看到区分“同质信息”“异质信息”的必要性。

例如，人寿保险公司和财产保险公司都提供保险业务服务，因而总有被相提并论的场合。但是，细究之下就会发现，在人寿保险公司的业务中，终身死亡寿险和 100 岁定期保险等险种的保期是非常长的。

因此，就资产运作期间而言，人寿保险公司是超长期的，与此相对，财产保险公司是比较短期的，二者大不相同。无视这些差异，将各保险公司的资产运作相关数据用图进行展示时，可能出现具有误导性的结果。

同样，金融行业也有大型银行、信托银行、地方银行、信用金库、信用组合等，各自的业务内容不同。在处理相关公司的数据时，需要进行数据分组。

在根据某种数据推测趋势或预测将来的动向时，首先需要确认各数据总体上是不是同质的。

在进行基于多个信息的讨论时，请养成思考其为同质信息还是异质信息的习惯。

问卷调查结果有多可靠

调查结果因取样方法而异

在问卷调查中，需要注意结果的读取方法。

问卷调查的目的是汇集多种意见。收集到的回答，一般用表格和图进行总结，附上解说的评论进行发表。

看问卷调查的结果时，应该注意哪些地方呢？

媒体有时会进行民意调查。民意调查通常是随机抽取一定数量的人回答问卷，进行抽样调查。

被抽取到的人们称为样本，形成舆论的一般大众称为总体。一般认为样本代表了总体。

在抽样调查中，为了确保可靠度，需要根据统计理论明确应该对多少人开始进行问卷调查（以下假设调查的总体比样本数大）。

例如，假设为了推测当下日本政府的支持率，对选民进行了舆论调查。在 1000 名选民中，500 人回答“支持”，这时报道会说“支持率是 50%”。

但是，这个支持率包含误差。严格来说，应该是“支持率大约为 50%，概率为 95%，误差在 3.1% 以下”。这样来写的话还挺麻烦的。

像这样，抽样调查会有误差。因此，可以考虑通过增大样本数来减小误差。

为了把支持率的误差缩小到 1%，应该让多少人来参与问卷调查呢？

根据统计理论，需要 9604 人参与问卷调查。也就是说，必须将问卷调查的人数增加到 10 倍左右。

如果可以预测到“调查的结果不是五五分，而是某一方偏高”的话，可以减少问卷人数。

例如，通过事前调查发现，如果认为支持率是 20% 左右，那么“95% 的概率，误差在 1% 以下”的需调查人数为 6147 人（省略具体的计算）。

在抽样调查中，增大样本数可以减小误差，同时随机抽取样本很重要。即使只对住在东京都的 30 多岁的男性公司职员进行问卷调查，也不能说是随机抽取的。

有人听说过，媒体舆论调查中的“分层二阶段抽样”这个词吧？

该方法将日本全国分为几个小组，在各个组中，根据城市规模和各产业就业人口构成比等将市、区、町、村分为一定数量的层。

按照各组人口的多少，从各层随机抽取调查地点。然后在每个调查地点随机抽取一定数量的样本。

这样，就可以随机抽取样本了。

这是美国的一个例子，过去，有媒体做舆论调查是通过随机打电话进行的。但是，在这个方法中，家里没有电话的低收入人群和筛选来电号码而不接电话的高收入人群就从调查中被漏掉了，回答者几乎都是中间收入人群。

在固定电话减少、广泛使用智能手机的现代日本，也有必要重新审视电话问卷调查的适用性。

为了汇集别人的意见，进行抽样调查是有效的。

但是，绝对不能忘记样本的“数量”和“抽样方法”不同，结果也会不同。

不要稀里糊涂地接受问卷调查的结果，灵活地考虑结果的误差和原始的样本是很重要的。

思考今后的企业所需要的元战略

采取稳定型战略避免无谓树敌

世界各处都处于竞争之中。

在工业领域，企业之间为了商品的销售和收益的增加，正在展开竞争。

在政界，各政党为获得支持，通过政策的实施来进行竞争。组织内部有各部门间的竞争，部门间还有个人的竞争。

对所有生物来说，为了生存而竞争是不可避免的宿命。在参与竞争时，根据情况选择合适的战略很重要。

博弈论是研究这种竞争环境和战略的学问。根据不同的竞争环境，可以考虑各种各样的战略。让我们具体来看看。

例如，“稳定型战略”。

稳定型战略是说，在某个集团内竞争者全员采取该战略的情况下，即使出现来自集团外部采取其他战略的竞争者，也能防止入侵。

如果采取稳定型战略，就能有力地展开竞争。

首先，设想一下和初次见面的人打招呼的情况。

在日本，人们打招呼的时候一般都会鞠躬。但即使是有这种文化的日本人，去美国的时候，与其鞠躬，也不如握手。因为在美国，握手是很常见的。

相反，美国人来日本的话，鞠躬的情况就多了。

关于问候，在日本鞠躬，在美国握手可以说是稳定型战略。

其次，思考制药公司的竞争。

制药行业因医药品研发、生产的激烈竞争而闻名。如果采取“新开发战略”，新药研发成功的话，可以通过专利在一定期间内独占市场。但是，新药的研发需要投入巨大的成本，而且不一定能成功。

相比之下，医药公司也可以考虑生产其他公司研发的药，在专利到期时，作为仿制医药品以低价销售，即“第二手战略”。

假设，采取新开发战略的公司只有A公司。在这种情况下，A公司没有被其他公司捷足先登的危险，可以慢慢地进行新药的研发，总有一天能够研发成功提高利润。

而在采取第二手战略的公司之间，展开了激烈的销售竞争，因此它们获得的利益有限。

相反，假设采取第二手战略的公司只有B公司。这时，在采取新开发战略的公司中，只有研发成功的公司受益，未研发成功的公司不能提高利润。

另外，B公司销售仿制医药品，确实能获利。

这样，在制药行业的医药品研发、生产竞争中，新开发战略和第二手战略都不属于稳定型战略。

那么，在这场竞争中稳定型战略是什么样的呢？

答案是新开发战略和第二手战略并用的“混合战略”（见图34-1）。

在混合战略中，对照着其他竞争者的战略，适当地提高两个战略中采取的公司少的一方的比重。在混合战略中，以下三点是成功的关键。

①观察其他竞争者。

②随机应变调整自己的战略。

③从长期角度出发，能获取盈利。

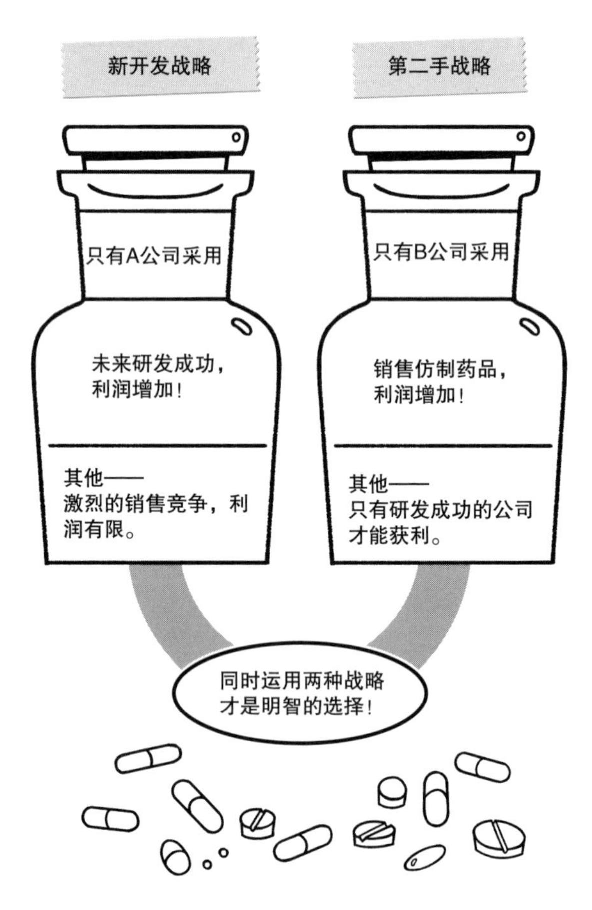

图 34-1　在医药品研发中什么才是有利的战略

实际上为了推进混合战略，决定采用哪一战略的战略非常必要。

这比迄今为止看到的简单战略都高一个维度，被称为“元战略”。

事实上，许多企业都必须研究元战略。

让我们回顾一下自己采取的战略到底是什么。

在稳定型战略已形成的情况下，只要一步步地推进竞争就可以了。

如果没有形成稳定型战略，就需要改变战略。参考别人的战略，首先试着写出自己可能采取的战略。

如果出现某种情况，选择哪个战略合适？

养成思考这一问题的习惯，你自然会开始反思元战略。

哪里是正常的，哪里是异常的

质疑常识的动脑思考法

到什么程度是正常的，从哪里开始是异常的？

如何画出那条线，很容易取决于主观的判断。

统计学有进行客观判断的方法。事先学好这些方法，有利于提高灵活思考的能力。

在进行统计时，从总体中提取的数据呈现出各种各样的分布。

因此，需要画数据的分布图，计算平均值和标准差（表示数据如何分散在平均值周围的值），掌握总体的特征。

这时的关键问题是“离群值”。

离群值是指与其他数据相比明显较大或较小的数据。例如，收集到的人类身高数据的值是“2.3 米”。

如果一个数据比其他数据大得多，请考虑是否应该将其作为异常值从数据中剔除。但是，如何剔除并不容易。

因为统计负责人不能主观地判断“这个数据怎么看都和其他数据相差悬殊，所以视为离群值”等。

那么，每当负责人改变时，离群值的判定就会改变，有可能无法统一。

客观判断离群值的方法有很多种。

一种是利用平均值和标准差。排除问题数据，根据剩余数据计算平均值和标准差。“如果某个数据与平均值相差标准差的 3 倍以上，就判断其为离群值”，通过这一方法剔除问题数据。

但是，数据量少的话，平均值不稳定，很难判断离群值，这是一个难点。

另一种是利用数据的四分位数。

在从大到小排列数据后，确定整体的四分之一处和四分之三处的数据。这两个数据分别称为较大四分位数、较小四分位数。

把这两个四分位数之差的 1.5 倍加到较大四分位数上，得到一个数值，大于这一数值的数据则为离群值。同样，用较小四分位数减去差的 1.5 倍，得到一个数值，小于这一数值的数据则为离群值。

以人的身高为例来看。

收集并整理数据后，得出较大四分位数为 1.8，较小四分位数为 1.6。两者之差为 0.2，其 1.5 倍即 0.3。0.3 加上较大四分位数 1.8 为 2.1，大于 2.1 的数据则为离群值。

据此，2.3 米这个数据将被判断为离群值。

但是，当数据集中在中间时，两个四分位数的差会变小，采用这种方法的话，会出现很多离群值。

像上述那样机械地进行判断时，我们会发现找出离群值竟然出奇的困难。试着画一下数据的分布图，看看某一数据如何偏离整个数据组，这才是判断的王道。

接下来，假设数据由两个值组成，如身高和体重。假设两组成人的身高和体重的平均值是一样的。

对于这两个数据组，以身高为横轴，以体重为纵轴，试着画一下数据的分布图。

图 35-1 中的数据 A 是两个数据组中包含的同一人的数据，该人的身高比数据组的平均身高高很多，但体重和数据组的平均体重一样。此时，在两个数据组中，数据 A 是否应该判断为离群值呢？

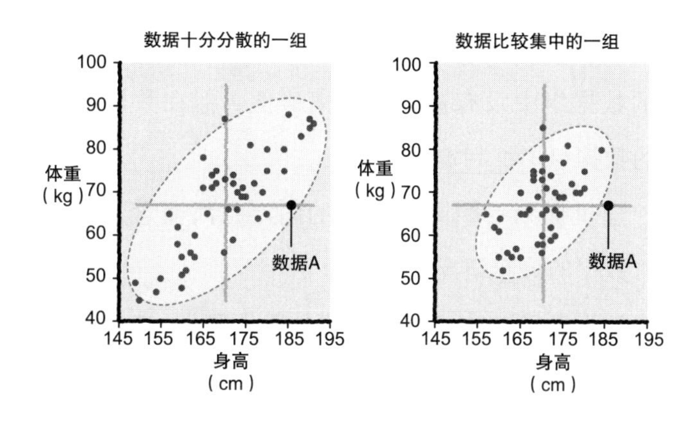

图 35-1 身高、体重分布图

注：图仅供示意。

应将处于虚线外侧的数据判定为离群值。

这种情况下，从数据的平均位置（图中十字线的交点）来看，需要考虑该数据与其他数据相比距离相差多远。

因此，需要定义与平均值相差的距离，超过这一距离则判定为离群值。

图 35-1 中虚线组成的椭圆表示与平均值距离相等的位置。

虚线外侧的数据被判定为离群值。这样一来，就剩下如何设定椭圆大小的问题了。

在图 35-1 中，我们设定了椭圆的大小，使 95% 的数据能进入虚线椭圆内。结果，数据 A 在数据十分分散的数据组中没有被判定为离群值，但在数据比较集中的数据组中被判定为离群值。

这里提到的距离与通常的固定距离概念不同，它随着数据的分布情况而变化。

这个距离叫作“马哈拉诺比斯距离”，取自最初提出它的印度统计学家的名字。这一概念通常是指绝对基准的距离，不过在统计学里表示相对的尺度。

群体中的相对位置关系对判断离群值很重要。因此，在统计学中，将距离这个概念重新定义为相对的东西。

这样，在统计学中，为了判断从哪里开始出现异常，有时甚至需要重新审视距离这一常识性的概念。

在这个世界上，我们有时会发现“我认为理所当然的事情其实并非如此”。

正所谓“常识是值得怀疑的”，有时我们也有必要大胆地重新审视常识。

或许我们可以在那里找到新的想法。

·结　语·

快乐地锻炼动脑思考的能力吧

感谢你读完本书。

我想你已经明白了，统计思维可以应用于工作和日常生活中的各种场合。

近年来，随着计算机和 AI（人工智能）技术的发展，我们可以简单地处理被称为大数据的海量信息。

与几年前相比，统计处理变得更加容易，可以快速地输出结果。

然而，计算机虽然能处理数据，但不会思考。

“读取、解释和判断统计数据结果的意义”，即思考这件事是我们人类的工作。

人工智能解释统计数据结果的时代正在到来。即使如此，也不能轻视人具有的思考能力与判断能力。

统计思维的主角始终是人。

我认为即使计算机技术不断发展，锻炼动脑思考的能力依然很重要。

这本书增加了运用统计思维思考的乐趣，在方方面面都可以派上用场。

如果能有助于大家锻炼自己的思考能力，作为本书作者我会感到无比幸福。

会计极速入职晋级

书号	定价	书名	作者	特点
66560	49	一看就懂的会计入门书	钟小灵	非常简单的会计入门书；丰富的实际应用举例，贴心提示注意事项，大量图解，通俗易懂，一看就会
44258	49	世界上最简单的会计书	（美）穆利斯 等	被读者誉为最真材实料的易懂又有用的会计入门书
59148	49	管理会计实践	郭永清	总结调查了近 1000 家企业问卷，教你构建全面管理会计图景，在实务中融会贯通地去应用和实践
70444	69	手把手教你编制高质量现金流量表：从入门到精通（第 2 版）	徐峥	模拟实务工作真实场景，说透现金流量表的编制原理与操作的基本思路
69271	59	真账实操学成本核算（第 2 版）	鲁爱民 等	作者是财务总监和会计专家；基本核算要点，手把手讲解；重点账务处理，举例综合演示
57492	49	房地产税收面对面（第 3 版）	朱光磊 等	作者是房地产从业者，结合自身工作经验和培训学员常遇问题写成，丰富案例
69322	59	中小企业税务与会计实务（第 2 版）	张海涛	厘清常见经济事项的会计和税务处理，对日常工作中容易遇到重点和难点财税事项，结合案例详细阐释
62827	49	降低税负：企业涉税风险防范与节税技巧实战	马昌尧	深度分析隐藏在企业中的涉税风险，详细介绍金三环境下如何合理节税。5 大经营环节，97 个常见经济事项，107 个实操案例，带你活学活用税收法规和政策
42845	30	财务是个真实的谎言（珍藏版）	钟文庆	被读者誉为最生动易懂的财务书；作者是沃尔沃原财务总监
64673	79	全面预算管理：案例与实务指引（第 2 版）	龚巧莉	权威预算专家，精心总结多年工作经验 / 基本理论、实用案例、执行要点，一册讲清 / 大量现成的制度、图形、表单等工具，即改即用
61153	65	轻松合并财务报表：原理、过程与 Excel 实战	宋明月	87 张大型实战图表，手把手教你用 EXCEL 做好合并报表工作；书中表格和合并报表的编制方法可直接用于工作实务！
70990	89	合并财务报表落地实操	藺龙文	深入讲解合并原理、逻辑和实操要点；14 个全景式实操案例
54616	39	十年涨薪 30 倍	李燕翔	实录 500 强企业工作经验，透视职场江湖，分享财务技能，让涨薪，让升职，变为现实
69178	169	财务报告与分析：一种国际化视角	丁远	从财务信息使用者角度解读财务与会计，强调创业者和创新的重要作用
69738	79	我在摩根的收益预测法：用 Excel 高效建模和预测业务利润	（日）熊野整	来自投资银行摩根士丹利的工作经验；详细的建模、预测及分析步骤；大量的经营模拟案例
64686	69	500 强企业成本核算实务	范晓东	详细的成本核算逻辑和方法，全景展示先进 500 强企业的成本核算做法
60448	45	左手外贸右手英语	朱子斌	22 年外贸老手，实录外贸成交秘诀，提示你陷阱和套路，告诉你方法和策略，大量范本和实例
70696	69	第一次做生意	丹牛	中小创业者的实战心经；赚到钱、活下去、管好人、走对路；实现从 0 到亿元营收跨越
70625	69	聪明人的个人成长	（美）史蒂夫・帕弗利纳	全球上亿用户一致践行的成长七原则，护航人生中每一个重要转变